基礎から学ぶ光学センサの校正

監修 小野 晃 / 松永恒雄

執筆 小野 晃 / 新井康平 / 小畑建太 / 久世暁彦
神山 徹 / 佐久間 史洋 / 土田 聡 / 外岡秀行 共著

理工図書

目　次

まえがき

本書は衛星搭載光学センサの放射量校正に関する基礎的事項から最新の事例までを，それぞれの専門家が記述したものである。本書の中心的な概念は校正（calibration）である。校正とは，センサの特性値（応答度や分光特性など）を上位の標準に基づいて測定して決める作業のことをいう。センサにすでに特性値が与えられている場合，それと校正値が異なっていたときには補正を行う。

応答度（responsivity）と感度（sensitivity）はしばしば混同される概念である。本書では応答度をセンサの入力に対する出力の比と定義している。地球観測用センサへの入力は通常分光放射輝度であるので，単位の分光放射輝度を入力したときのセンサ出力が応答度である。狭義の校正とは応答度を決めることをいう。一方センサの感度とは，センサ出力の雑音レベルに等しい入力値をいい，応答度とは別の概念である。

誤差（error）と不確かさ（uncertainty）も混同しやすい概念である。誤差とは測定値から真の値を引いた値のことをいう。しかしながら通常真の値は分からない場合の方が多い。真の値は分からない中で，測定値が真の値にどの程度近いかを推定したものが不確かさである。不確かさにはランダムに変動する偶然成分と偏りとして現れる系統成分がある。

光学センサの軌道上校正方法のひとつに代替校正がある。本書では代替校正を，地上の特定の物体を使い，その分光放射特性を測定することによって軌道上のセンサを校正する手法と定義する。本書では月校正や軌道上相互校正は代替校正とは異なる概念として別の章で記述した。

本書では各章ごとに，まず放射量校正に関する一般的な説明を行い，その後で個別センサの事例紹介をしている。事例は日本が開発したASTERとGOSATが主要なものであり，それぞれの著者らの実経験に基づくものである。ASTERは日米共同プロジェクトとして経済産業省の委託を受け宇宙システム開発利用推進機構（JSS）が開発したものである。GOSATは環境省の委託を受け国立環境研究所（NIES）と宇宙航空研究開発機構（JAXA）が開発したものである。

衛星搭載光学センサにはしばしば略号が使われる。本書が扱っているセンサの略号とその正式名称，搭載衛星を一覧にして巻末にまとめた。また本書の図表は可能な限り日本語表記としたが，英文表記のものも含まれている。本書の中に記されている主要な英文用語はその英日対訳を巻末に付けたので参照されたい。

なお本書は日本リモートセンシング学会誌（第36巻第3号（2016年）～第37巻第4号（2017年））に掲載された「連載講義：衛星搭載光学センサの放射量校正」を改訂した原稿や新たに執筆した原稿から構成されている。本書の出版にあたってご協力いただいた日本リモートセンシング学会編集委員会の山野博哉委員長に感謝する次第である。

執筆担当表

1 章：小野晃、新井康平
2 章：小野晃、佐久間史洋、久世暁彦
3 章：小野晃、佐久間史洋、久世暁彦
4 章：土田聡、久世暁彦、外岡秀行
5 章：神山徹、久世暁彦
6 章：小畑建太、新井康平、久世暁彦
7 章：小野晃
8 章：小野晃

1章　はじめに

人工衛星からの地球観測（リモートセンシング）には，数日から十数日で地球全体を反復して長期間観測できるという特徴がある。リモートセンシングの初期の頃は地域の精細で鮮明な画像に多く関心が持たれ，空間分解能と放射量分解能に重点をおいたセンサの開発が行われた。1990年代に入ると地球環境のグローバルな変動に関心が高まり，例えば地球環境の年間変動のような短期的変動を把握しようとする試みや，数年から10年にわたる長期的変動にも関心が向けられるようになった。そこでは経年変動を含む動的な地球科学的情報を把握することが中心的課題となり，センサに対して放射量データの定量性の要求が高まった。

また，多くの地球観測用センサのデータが利用可能になると，異なるセンサで取れた観測データを相互に比較したり，統合して解析したりすることも試みられるようになった。このような場合には，相互に比較解析可能な定量性が画像データに求められ，そのためにもセンサ特性の正確な校正の必要性が高まった。時間的安定性だけでなく，センサ特性の絶対値に対する要求も高まった。

センサのバンドごとに応答度を決めることを狭い意味での校正（キャリブレーション）と呼ぶが，本書では観測データの解析に必要となるセンサの諸特性を評価すること（キャラクタリゼーション）を広義の校正と呼び，広く話題を取り上げる。波長域は300 nm程度の紫外域から十数μmの熱赤外域までを対象とする。定性的な意味を含む「観測」という用語に加えて，いくつかの箇所では定量性を強調した「計測」という用語を使うこととする。

本書では光学センサの校正に関する基本的事項全般を取り上げる。1章「はじめに」に続いて2章以降は打ち上げ前地上校正，機上校正，代替校正，月校正，軌道上相互校正，校正データの統合解析と続く。なおリモートセンシング全般の基礎的事項は引用文献1)を参照されたい。

1.1　計測物理量

地球からの放射を衛星で計測する場合，計測の対象量としては様々な物理量があるが，リモートセンシングで通常計測する物理量は放射輝度（radiance）である。一方，地球科学の観点からは地表や大気の反射率あるいは放射率，温度などが計測したいパラメータである。放射輝度の測定からこれらのパラメータを求めることになる。

1.1.1　放射輝度

人間の眼やカメラは対象物体に光学的な焦点を合わせることにより，放射輝度の二次元空間分布を計測し，画像として認識している。リモートセンシング用センサの動作原理も同様である。

⑴　放射輝度の定義

放射輝度は図1.1に示すように，ある平面から一定の方向に射出される放射の単位投影面積当たり（m^{-2})、単位立体角当たり（sr^{-1}）の放射束（W）と定義される。単位は $Wm^{-2}sr^{-1}$ である。放射輝度は人間の眼の感覚でいえば輝きの程度を表す。放射輝度 L は次式で表される。

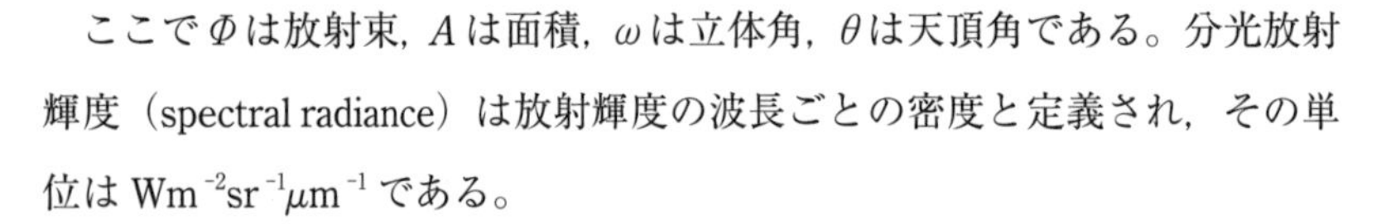

$$L = d^2\Phi / \cos\theta \, dA \, d\omega \qquad (1)$$

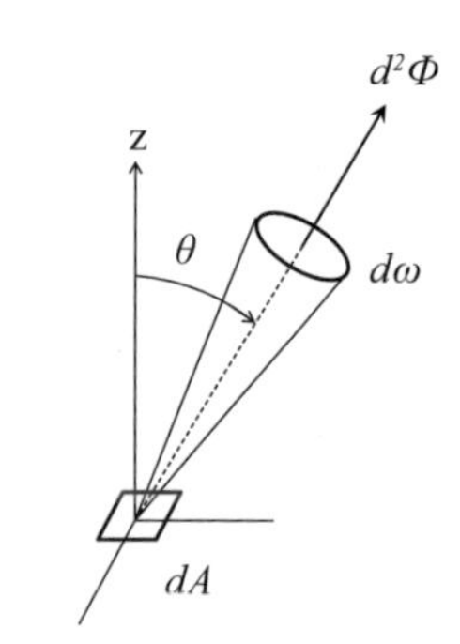

図1.1　放射輝度の定義

ここで Φ は放射束，A は面積，ω は立体角，θ は天頂角である。分光放射輝度（spectral radiance）は放射輝度の波長ごとの密度と定義され，その単位は $Wm^{-2}sr^{-1}\mu m^{-1}$ である。

⑵　放射輝度の測定方法

センサは図1.2に示すように，光学系の焦点を観測対象物に合わせることにより対象物の放射輝度を測定することができる。この関係はセンサから観測対象物までの距離が変わっても同じである。

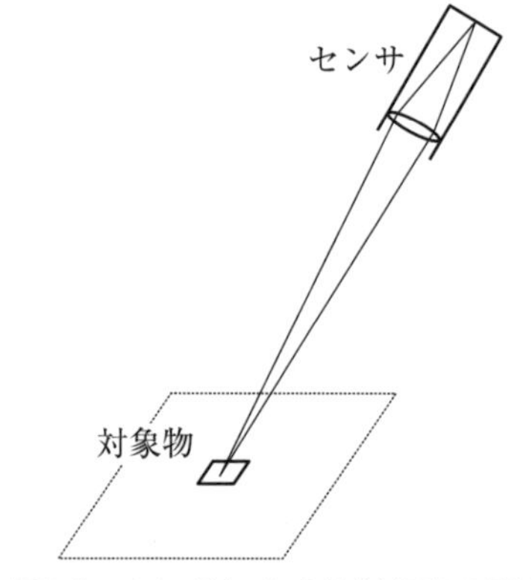

図1.2　センサによる放射輝度の測定

地球からの放射は発生源によって２種類に分かれる。ひとつは太陽光の照射を地表や大気が照り返した反射光である。およそ300 nmから３ μmまでは太陽反射光が主体であり，この波長域を太陽反射領域と呼んでいる。もうひとつは地球自体が熱的に射出する放射である。波長がおよそ2.5 μmを超えると太陽反射光強度は弱まり，逆に地球の熱放射が主体となる。2.5 μmから十数μmの波長域を地球放射領域と呼ぶ。地球からの熱放射の分光放射輝度を測ることにより放射体の放射率と温度を推定することができる。2.5 μmから３ μm程度までは太陽反射と地球射出の両方の放射が合わせて観測される。これらの観測状況を図1.3に示す。

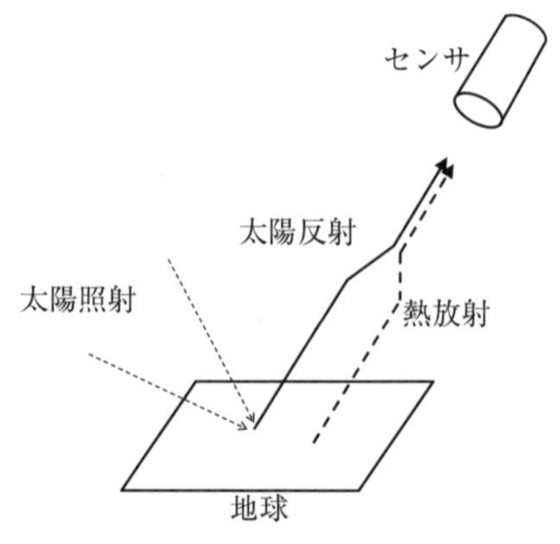

図1.3　太陽反射光と地球放射

1.1.2　反射率

太陽反射領域における観測対象物の特性として代表的なものは分光反射率（spectral reflectance）である。地表の物体は，一般に拡散的な反射特性を示す。分光反射率のスペクトルは観測対象物ごとに特徴的な形を持つので，複数の波長で分光反射率を計測することにより対象物の種類とその状態を推定することができる。

(1) 反射率の定義

拡散的な表面の反射特性は，双方向反射率分布関数（bidirectional reflectance distribution function）で表現することができる。双方向反射率分布関数f_rは，ある面への入射ビームの放射照度（E_i）に対する反射ビームの放射輝度（L_r）の比として次式で定義される。その単位はsr^{-1}である。

$$f_r(\omega_i, \omega_r) = dL_r(\omega_r)/dE_i(\omega_i) \quad (2)$$

ここでω_iとω_rは，それぞれ入射ビームと反射ビームの空間方向を表す。

図1.4 (a) は双方向反射率分布関数の反射角依存性を模式的に表したものである。双方向反射率分布関数は通常入射角に対する鏡面反射方向で最も大きくなる。双方向反射率分布関数が反射角に依存せずに一定であるような反射面を完全拡散面と呼ぶ。図1.4 (b) はその反射角依存性を模式的に表したものであり，完全拡散面の双方向反射率分布関数はちょうど半円形となる。

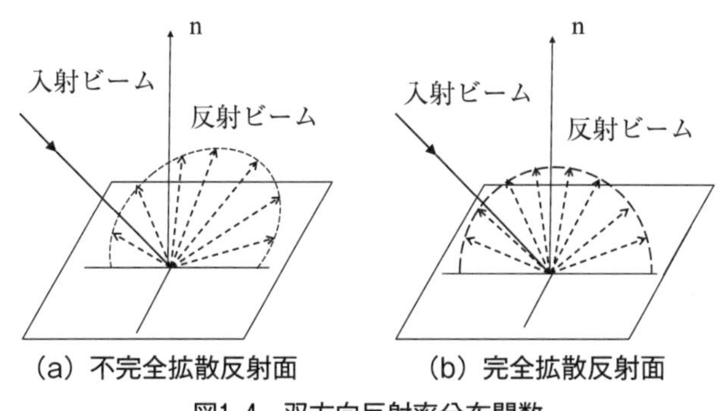

図1.4　双方向反射率分布関数

双方向反射率ファクター（bidirectional reflectance factor）とは双方向反射率分布関数f_rにπを掛けたものである。入射の放射照度を同じにとれば，反射率が1の完全拡散面に対する対象表面の反射の放射輝度の比がその表面の双方向反射率ファクターとなる。双方向反射率ファクターが知られている白色標準拡散板を基準にして対象表面の反射の放射輝度の比を測定することにより，対象表面の双方向反射率ファクターを容易に得ることができるので，双方向反射率ファクターは測定現場でしばしば利用される実用的な量である。

(2) 反射率の測定方法

拡散反射性物体の双方向反射率分布関数あるいは双方向反射率ファクターを測定するのに一般的に行われる方法は，白色標準拡散反射板を用いた比較法である。この方法は簡便でかつ精度も高い。同一の入射角で入射する光ビームのもとで，対象物体と白色標準拡散反射板とを交互に置き替え，同一の反射角における分光放射輝度の比を測定する。白色標準拡散反射板の双方向反射率分布関数／双方向反射率ファクターをあらかじめ校正しておけば，それを基にして対象物体の双方向反射率分布関数および双方向反射率ファクターが得られる。

1.1.3　放射率と温度

有限の温度にある物体は多かれ少なかれそれ自体で熱的に放射（熱放射）を射出している。室温付近の物体の熱放射は，波長がおよそ10 μmで最大になる分光放射輝度スペクトルを持つ。同じ温度にある種々の物体のうち熱放射を最も強く射出するのが黒体である。絶対温度Tの黒体の波長λにおける分光放射輝度$L_b(\lambda)$は次のプランクの式によって与えられる。

$$L_b(\lambda)=2hc^2/\lambda^5\{\exp(hc/\lambda kT)-1\} \quad (3)$$

ここでhはプランク定数，cは光速度，kはボルツマン定数である。

温度Tの物体の波長λにおける分光放射率$\varepsilon(\lambda)$は，同じ温度の黒体の分光放射輝度に対する当該物体の分光放射輝度$L(\lambda)$の比で定義され，次式で表される。

$$\varepsilon(\lambda)=L(\lambda)/L_b(\lambda) \quad (4)$$

すべての物体の分光放射率は1以下の正の値を取る。

分光放射率は射出角に依存するが，通常は熱放射を発する面の法線方向に対して最大値を取る。放射率の放射角依存性を模式的に図1.5に示す。

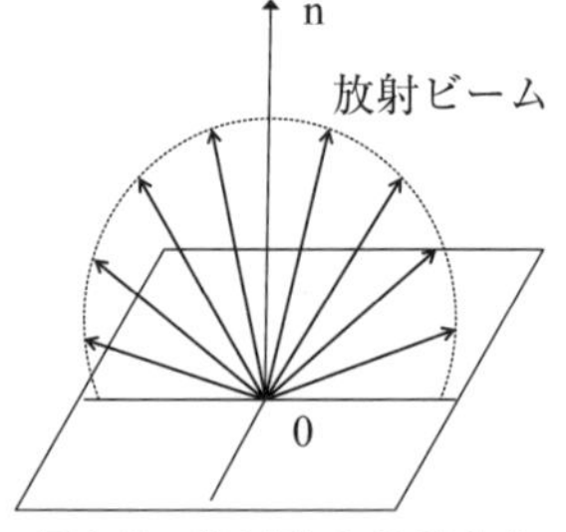

図1.5　放射率の角度分布

計測対象物体の分光放射輝度$L(\lambda)$から式（4）に基づいて物体の温度Tと分光放射率$\varepsilon(\lambda)$を分離して求めることはできない。測定波長を複数にしても状況は同じである。温度が分かれば分光放射率が求まり，逆に分光放射率が分かれば温度が求まるという関係にある。分光放射輝度$L(\lambda)$から分光放射率$\varepsilon(\lambda)$と温度Tを分離して求めるためには，分光放射率に関する何らかの情報を別途得たり，あるいは何らかの仮定を設けることが必要である。

1.2　センサの入出力特性

センサへの一定の入力に対する出力の関係を，センサの入出力特性という。本節ではセンサの入出力特性がいくつかのパラメータで記述できることを述べる。

分光放射輝度を計測するセンサは，それぞれの観測目的に応じて独自の分光応答特性を持つ。分光方式には代表的なものとして次の3種類がある。

①フィルター方式：放射の波長と同程度の厚さの透過性あるいは吸収性薄膜を多数重ねることにより光の干渉効果を利用して特定の波長帯の放射だけを透過あるいは反射させるもの。透過型のものは

バンドパスフィルターと呼ばれる。

②分散方式：放射の波長と同程度の間隔を持つ多数の直線状の格子（回折格子）を表面に持つもの（回折格子），および透明材料で作られたプリズムがある。空間的に分散された特定の波長帯の光を検出素子に導く。

③フーリエ方式：マイケルソン干渉計と同様の原理で移動鏡と干渉光学系を備えた方式。検出器には広い波長帯の光が同時に入射し，インターフェログラムをフーリエ変換することでスペクトルが得られる。

いずれの分光方式をとるにせよ，あるバンドの分光応答度$R(\lambda)$は，波長λにおける単位の分光放射輝度の入力に対するセンサ出力（単位は任意）の比と定義される。センサの入出力特性はバンドの応答度，中心波長，バンド幅といったパラメータで表せる。あるバンドの分光応答度$R(\lambda)$と計測対象物体の分光放射輝度$L(\lambda)$を模式的に図1.6に示す。

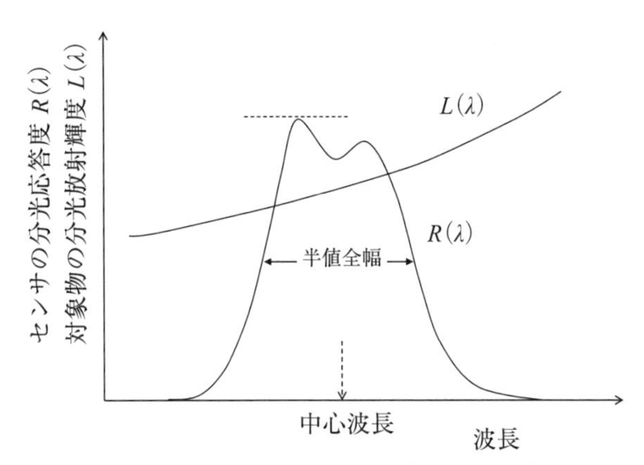

図1.6　センサの分光応答度と対象の分光放射輝度

分光放射輝度が$L(\lambda)$の物体を観測したときのセンサ出力をVとすると，センサの応答が入力に対して線型であると仮定して，Vは次式で表される。

$$V=\int_0^\infty L(\lambda)R(\lambda)d\lambda \quad (5)$$

1.2.1　応答度

あるバンドの応答度R_0を次式で定義する。

$$R_0=\int_0^\infty R(\lambda)d\lambda \quad (6)$$

R_0は分光応答度関数$R(\lambda)$の0次のモーメントであり，図1.6における分光応答度曲線と横軸との間の面積に相当する。狭義の校正とはR_0の値を決定することを指す。

応答度はセンサ出力を計測対象物体の分光放射輝度に換算する重要なパラメータである。まず，打ち上げ前に地上で正確にR_0の値を決定する。センサが軌道上に投入されると様々な要因で応答度が変動する。そのために軌道上にあるセンサをその場で校正する手法がいろいろと開発されている（機上校正，代替校正，月校正など）。これらによってセンサの寿命いっぱいまでバンドごとに応答度を推定し，変動が大きい場合には観測データを補正することが行われる。

1.2.2　中心波長

バンドの中心波長を次式で定義する。

$$\lambda_C=\int_0^\infty \lambda R(\lambda)d\lambda/R_0 \quad \cdots\cdots (7)$$

この式は，バンドの中心波長が分光応答度関数$R(\lambda)$の正規化された一次のモーメントであることを示す。分光応答度曲線で重み付けた波長の平均値ともいえる。

センサを設計する際には，主たるデータ利用者がバンドの中心波長に関する要求仕様を提示する。例えばA nm ± B nmといった形で中心波長の許容範囲を表現する。これは製作したセンサのバンド中心波長がこの範囲に入ることを要求するものであり，B nmのことを制御精度（control accuracy）という。これに対して実際にセンサを製作した後バンドの中心波長がどこにあるかを測定してA' nm ± B' nmであったとする。B' nmは測定評価の不確かさを表すものであり，これを知見精度（knowledge accuracy）という。データ利用者は観測データの解析に際してA' nm ± B' nmの情報を使うことができる。

バンドの中心波長は，観測データから地球科学的情報を抽出するために重要なパラメータである。打ち上げ前に地上でセンサを校正しA'とB'の値を決定する。打ち上げ後，センサが軌道上にあるとき中心波長が変化していないか，また変化しているとすればどの程度かを推定することは重要である。推定のためにいくつかの手法が試みられている。

1.2.3　バンド幅

バンド幅Wを次の式で定義する。ここではバンド幅として中心波長λ_Cの両側にまたがる全幅と定義する。

$$W=2\left[\int_0^\infty (\lambda-\lambda_C)^2 R(\lambda)d\lambda/R_0\right]^{1/2} \quad \cdots\cdots (8)$$

この式はバンド幅（半幅）が，分光応答度関数$R(\lambda)$の正規化された二次のモーメントの平方根であることを示している。全幅は半幅の2倍である。

実際にバンド幅を表現するときには簡便のために半値全幅（Full Width at Half Maximum：FWHM）が多く用いられる。半値全幅は分光応答度曲線のピークの値（最大値）の半分の値を取る2つの波長の間の間隔をいう（図1.6参照）。

センサを設計する際には，主たるデータ利用者はバンド幅に対する要求仕様を提示する。バンド幅のみを規定する場合と，短波長側と長波長側の半値波長の許容範囲を別々に規定する場合とがある。

分光応答度曲線が鋭いほど特定の波長の放射だけを検出するので，観測対象物に特徴的なスペクトルに合わせてバンド幅を狭くすることが一般に好まれる。ところが，バンド幅を狭くしすぎると検出器への入射放射量が減り観測データのS/Nの低下を招く。この点を考慮したバンド幅の適切な選択が設計において重要である。

1.2.4　センサ出力

観測対象物の分光放射輝度$L(\lambda)$を$\lambda=\lambda c$においてテイラー展開し2次の係数をL''とすると，センサ出力Vを表す（5）式は次のように近似される。

$$V=\{L(\lambda c)+L''(\lambda c)W^2/8\}R_0 \quad (9)$$

バンド幅Wが著しく広くなく，分光放射輝度$L(\lambda)$が比較的滑らかでL''が大きくない場合は，{ } 内の第2項を第1項に対して無視することができる。分光放射輝度$L(\lambda)$が正確に分かっている標準放射源を用いて，式（9）からセンサの応答度R_0を求めることができる。これが狭義の校正である。センサの校正のための標準放射源としては太陽反射領域では通常積分球が用いられ，地球放射領域では空洞型の黒体放射源が用いられる。

1.2.5　偏光特性

放射の偏光状態には，直線偏光，円偏光，楕円偏光，部分偏光，自然偏光（非偏光）などがある。偏光方向は電磁波の電場の振動方向によって表す。例えば，放射が平面に斜めに入射するとき，入射面に平行な方向に電場が振動する直線偏光をp偏光という。逆に入射面に垂直に電場が振動する直線偏光をs偏光という。なお，太陽からの直達光や黒体放射は非偏光である。

地球観測用センサはその構造によって偏光特性を持つことがある。すなわち，入射する放射の偏光方向によって応答度が異なる。特にセンサの最前方に観測方向を選択する反射鏡があって，観測放射が約90度折り曲げられる場合には，一般にp偏光とs偏光に対してセンサは異なる応答度を持つ。観測の様態によってはセンサの偏光特性を正確に把握してデータ解析を行わなければならないことがある。

偏光特性の重要性は太陽反射領域と地球放射領域のいずれにおいても同様である。太陽光は通常の観測条件では地表面に対して斜めに入射する。地表や大気成分で反射・散乱された放射は通常p偏光成分とs偏光成分で異なる反射率や散乱係数を持つ。また観測も地表面に対して斜めの方向から行うことがしばしばであり，センサに偏光特性がある場合には，それをあらかじめ打ち上げ前に校正して正確に評価しておくことが重要になる。

センサの偏光特性は，通常積分球や黒体放射源のように非偏光の放射源の前方に直線偏光板を設置し，それを回転させつつセンサ出力を測定することで得られる。センサの光軸周りに楕円形に出力が変化する場合は，長軸と短軸の比の1からの差によって偏光特性を表す。

1.3　放射量計測のトレーサビリティ

分光放射輝度や分光反射率などの物理量を高い信頼性で計測するためには，国際標準や国家標準に基づいた計測，すなわち，トレーサブルな計測をすることが求められる。適切な経路を通って国際標準や国家標準に連鎖してセンサの校正ができていることをトレーサビリティがとれているという。

1.3.1　分光放射輝度の標準

図1.7は放射輝度測定のトレーサビリティ体系を太陽反射領域と地球放射領域とに分けて示す。どちらの場合でもセンサは実用標準を用いて校正されるが，実用標準はさらに上位の標準によって校正される。最上位の標準を一次標準という。一次標準は不確かさが最も小さい標準器であり，通常各国の国立標準研究所が保有し，これを用いて実用標準の校正を行う。

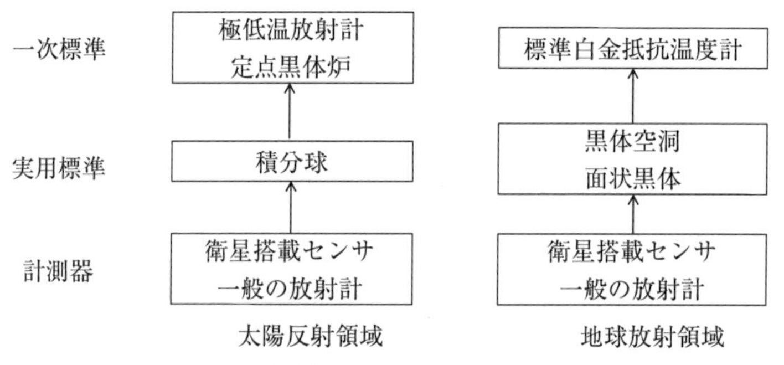

図1.7　分光放射輝度測定のトレーサビリティ

(1)　太陽反射領域

(a)　実用標準

センサの各バンドの応答度R_0は，分光放射輝度$L(\lambda)$が正確に分かっている標準放射源を使って式（9）により校正される。太陽反射領域における校正用の実用標準としては積分球と呼ばれる放射源が多く用いられる。

図1.8は積分球の原理を模式的に表したものである。積分球とは球殻構造の内壁表面を高反射率で拡散反射性の材料でコーティングし，その一部に開口を設けた放射源である。球殻の内部に複数の放射源（白熱電球など）を配置し，それらからの放射を球殻の内部で多数回反射させた上で開口から射出させる。このとき開口上で一様性の良い分光放射輝度が得られる。

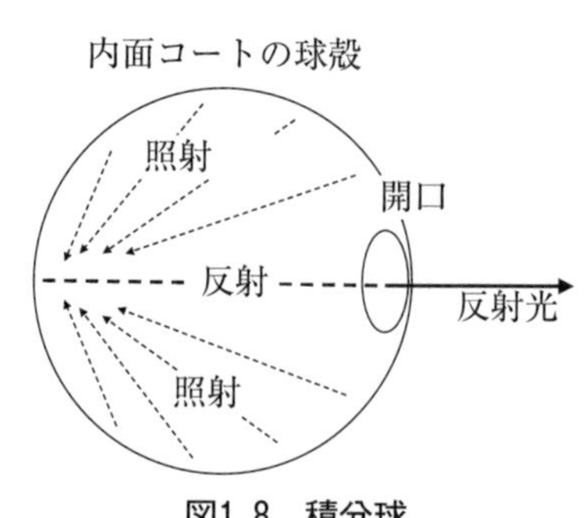

図1.8　積分球

積分球の分光放射輝度の値は一次標準に基づいて決定される。分光放射輝度の校正サービスは日本では産業技術総合研究所計量標準総合センター（NMIJ）が，米国では国立標準技術研究所（以下，NIST）が行っている。波長ごとに校正値が記された校正証明書が発行されるとともに，校正の不確かさとその要因が記された不確かさ評価表（バジェット表）が添付される。

(b)　一次標準

太陽反射領域において分光放射輝度の一次標準に用いられるものとして次の2種類がある。いずれも各国の国立標準研究所で開発し，保有しているものである。

第一は極低温絶対放射計と呼ばれる一次標準で，液体ヘリウム温度付近の極低温環境に保持された空洞型の熱型検出器を持つ。入射するビームのほとんどすべてを空洞が吸収して熱に変換し，その温度上昇を電気信号に置き換えて入射ビームのパワーを測定する。

第二は高温に保持された定点黒体放射源である。円筒型の黒体空洞を持ち，空洞を定点物質の凝固点（あるいは融解点）温度に保持することにより，その温度における黒体放射が得られる。紫外域から短波長赤外域まで使われる。ASTERの可視・近赤外域と短波長赤外域の放射計を校正した積分球の分光放射輝度はこのような定点黒体放射源を用いて産総研NMIJにトレーサブルに校正したものである。

(2)　地球放射領域

(a)　実用標準

地球放射領域の分光放射輝度の実用標準として表面を加工した面状黒体がしばしば用いられる。衛星に搭載し軌道上で定期的に熱赤外センサを校正するために使われる。**図1.9**は面状黒体の正面図と断面図を模式的に示す。面状黒体は熱伝導性の良い材料で作られ，例えばその表面に先端の尖ったV字型の溝を縦・横に切る。面状黒体の表面は四角錐が規則的に並んだ形状となり，多重反射の効果で高い放射率を得るようにしている。さらに表面を黒化処理することにより放射率を高める。面状黒体の放射率は波長域と黒化処理にもよるが，およそ0.95から0.99程度が得られる。面状黒体の温度を測定するための温度計は国家標準にトレーサブルに校正する。

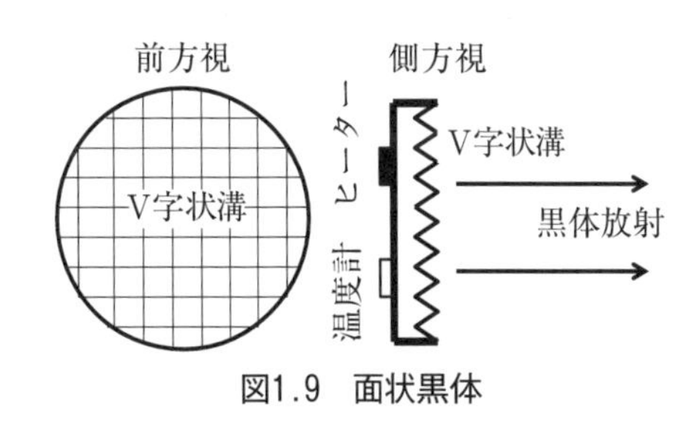

図1.9　面状黒体

面状黒体では放射輝度の精度が不足する場合には，**図1.10**に断面を示すような空洞を持つ放射源（黒体空洞）が実用標準として使われる。室温付近の温度であれば空洞壁の周りに温度制御した水などの流体を流して空洞壁の温度分布を一様にする。空洞の内壁から射出された熱放射が空洞内で多数回反射と吸収を繰り返した後，空洞開口部で黒体放射に近い一様な分光放射輝度が実現される。空洞壁の温度は温度計で測定するが，国家標準にトレーサブルに校正する。

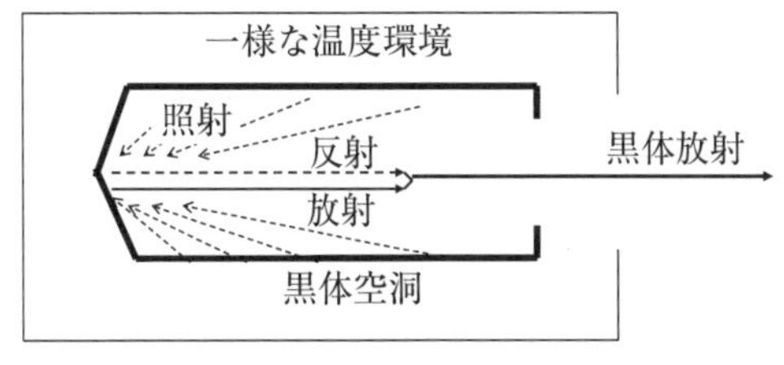

図1.10　黒体空洞

(b)　一次標準

地球放射領域の分光放射輝度の一次標準としては，黒体空洞の温度を測るための標準白金抵抗温度計がある。あるいは国立標準研究所が保有する熱赤外域の放射温度計の校正用に開発された標準黒体放射源が利用できる場合がある。

1.3.2　反射率の標準

反射率測定の標準には実用的には白色標準拡散反射板が用いられる。白色標準拡散反射板の表面には反射率が高くかつ完全拡散に近い物質が選ばれる。波長域はおよそ250 nmから2.5 µm程度まで反射率は0.95から0.99程度である。野外において太陽直達光を放射源として，地表物体の双方向反射率ファクターの測定を行うときにも白色標準拡散反射板がしばしば用いられる。

白色標準拡散反射板の双方向反射率ファクターは，国立標準研究所が所有する上位の標準拡散反射板によって校正される。

1.4　打ち上げ前の地上校正

打ち上げ前に地上で詳しくセンサの特性を調べることを打ち上げ前地上校正という。センサのバンドごとの応答度については太陽反射領域では通常積分球に対して校正して決定する。地球放射領域では通常空洞型の黒体放射源に対して校正する。

センサの分光応答度および中心波長とバンド幅に関しては，分光器から単色放射を出させてセンサの光学コンポーネントごとに分光透過率や分光反射率，検出器の分光応答度などを個別に測定する。それらの測定結果から計算でセンサ全体としての分光応答度，中心波長，バンド幅を求めるのが一般的である。

次章で述べる機上校正用機器（電球，白色拡散板，面状黒体，分光器等）を衛星に搭載する場合には，それらの特性も合わせて打ち上げ前に地上で正確に測定評価しておく。

1.5　打ち上げ後の軌道上校正

衛星が軌道に投入された後センサが正常に動作しているか，あるいは特性に変化が生じていないかを推定するのが打ち上げ後軌道上校正である。校正用機器を衛星に搭載するやり方を機上校正（on-board calibration）といい，地上のターゲットを用いるやり方を代替校正（vicarious calibration）という。また月をターゲットに用いた校正を月校正（lunar calibration）という。

1.5.1 機上校正

校正用機器を衛星に搭載する場合は，それらを軌道上で定期的に作動させてセンサ出力を監視する。搭載される校正用機器としては太陽反射領域では電球や太陽拡散板，分光器などがある。地球放射領域では面状黒体と温度計があり，さらにゼロ点校正のために深宇宙をターゲットとした校正が行われる。なお，衛星の打ち上げ時に激しい振動と温度変化にさらされるので，搭載された校正用機器の堅牢性には十分な配慮が必要となる。

なお，機上校正用機器自体もその特性が軌道上で経時変化する可能性があることには留意が必要である。

1.5.2 代替校正

放射特性が十分良く調べられている地上物体をターゲットとしてセンサを校正する方法が行われている。これを代替校正と呼ぶ。太陽反射領域では乾いた塩湖表面などが用いられ，地球放射領域では湖の水面などが用いられる。いずれも広い面積で反射率や放射率，温度が一様な場所を選び，現地に種々の地上用計測機器を持ち込んで反射率や放射輝度，温度等を測定する。衛星が上空を通過する時刻と同時に地上測定を行い，大気上端における地上物体の分光放射輝度を推定する。これをセンサ出力と比較して校正する。大気補正のために観測時刻における大気パラメータの測定も行われる。

1.5.3 月校正

月表面の反射率が非常に安定であること，また軌道上からの月観測では地球大気の影響を受けないことに着目し，月を放射輝度の標準として利用することができる。軌道上でセンサの視線ベクトルを月に振り向けることによってセンサの校正を行う。太陽反射領域において月の放射輝度の絶対値について十分正確なデータがある訳ではないが，月表面の反射率は非常に安定であることから，センサの応答度の時間的な変動を監視することが期待できる。

1.6 軌道上での特性の変動

これまで多くの光学センサが軌道に投入され運用されてきた中で，応答度の劣化に関する知見が積み重ねられてきた。おおよそ分かってきたことは，波長が短い紫外や青の領域のバンドで光学系の汚染と思われる原因で応答度がしばしば大きく低下することである。

1999年12月に打ち上げられたASTERでは，可視・近赤外域のバンドで応答度の低下が起きている。低下の速度は打ち上げ直後が最も大きく，1年，5年という単位で次第に緩やかな低下に移行していく傾向にある[2),3)]。応答度の低下は緑の波長域のバンドで最も大きい。赤や近赤外域のバンドでは，応答度の低下は緑と比べると小さく，低下の速度も緩やかな傾向にある。

2 μmから3 μmにかけての短波長赤外域は応答度に顕著な低下は見られず，大きな変動はなかった。一方10 μm帯の熱赤外域では，相当大きな応答度の低下が見られた。応答度の低下の程度はバンドごとに異なる。

応答度の変動に比べると中心波長やバンド幅の変動の可能性は低いと推測される。しかしながら変動が一定程度以下であろうと，直接あるいは間接の証拠を得ることは重要である。分光器をセンサに組み込んで定期的に中心波長やバンド幅の変動を監視することや，校正用搭載電球を点灯して間接的に監視することが行われている。

1.7　放射量校正データの使い方

リモートセンシングデータ供給機関から入手する太陽反射領域（可視・近赤外，短波長赤外）における観測データは，デジタルナンバー（Digital Number：DN）の形式で表現されている。このDNと入射放射輝度Lとの関係は線形近似されている。

$$L = C_0 + C_1 DN \quad (10)$$

これらの係数C_0およびC_1はそれぞれ，オフセット係数，ゲイン係数と呼ばれている。オフセット係数は打ち上げ前，あるいは軌道上において当該時点における無入力時の放射計出力によって生成する。また，ゲイン係数は打ち上げ前，あるいは軌道上において当該時点における最大入力放射輝度付近の入力時におけるセンサ出力によって生成する。軌道上では最大入射放射輝度は，前述のように搭載校正用機器（太陽拡散板，校正光源等）によってもたらされる。これらの係数は観測データとともにリモートセンシングデータ供給機関から提供される。以下にこれらの係数を用いてDNからLを求める例を示す。

観測データにはDN以外に，これを放射輝度に変換するための情報が付加されている。例えば，Terra/ASTER/VNIRおよびSWIRの場合，放射輝度補正されていない処理レベル1のDN形式のデータDNは観測放射輝度を8ビット量子化したものであり，これを打ち上げ前に計測した単位変換係数（Unit Conversion Coefficient）UCCを用いて放射輝度Lに変換する。

$$L = (DN - 1) UCC \quad (11)$$

このUCCは前述の定点黒体放射源によって値付けされた積分球を入射放射輝度の標準として，これとセンサ出力（DN）との関係を打ち上げ前に計測して求めた係数である。通常は，UCCはメタデータとしてヘッダー情報に含まれている。しかし，これらの関係は軌道上で変化するものである。したがって，センサの機械的，温度等の環境の変化要因については衛星テレメトリーデータに含まれる環境データによって補正するようにしている。これら以外にも，衛星部材からのアウトガス（漏れ出るガス），軌道修正のための燃料噴出物によるコンタミネーション（汚染），紫外線・宇宙線等の宇宙環境によるセンサ部材の特性変化等のモニタリングをしていない変化要因がある。これらの原因については，搭載校正用機器を用いて変化をモニタリングしてその影響を除去したり，代替校正や他センサとの相互校正を行うなどして取り除くようにしている。これらの校正方法により，当該時点における放射量校正係数（Radiometric Calibration Coefficient：RCC）*RCC*を生成し，*UCC*と同様に適用して校正放射輝度を求めている。そのため，式（11）の左辺にこの*RCC*を乗じて校正放射輝度を得る。なお，*UCC*および*RCC*はセンサの最大入力放射輝度付近における係数であり，前述のゲイン係数に該当する。これら校正方法の詳細は２章以降に詳述する。

1.8　まとめ

１章では地球観測用光学センサの放射量校正に関する最も基本的事項を説明した。地球環境変動の監視[4)]の目的から衛星データに強い期待が持たれているが，そのなかで観測データの定量性に対する要求が高まっている。センサの放射量校正はそれに応えるものである。

本章では直接述べなかったが，放射量校正データの不確かさに関する考察は，今後，より重要になると思われる。データユーザからすれば放射量校正で補正を行った放射輝度データが，結果としてどの程度の信頼度を持っているかには関心があるところである。地球科学的解析をした結果の信頼度に直結するからである。放射量校正の不確かさの評価に関しては20年以上前から検討が始められているが未だに十分とはいえない。放射量校正によって応答度の補正を行ってもなお残る観測データの不確かさを評価して，観測データ全体の信頼度を示せるようにすることが今後の目標である。次章以降でもその点については可能な限り触れていく。

引用文献

１）日本リモートセンシング学会編：基礎からわかるリモートセンシング，理工図書，東京，2011.

２）K. J. Thome, K. Arai, S. Tsuchida and S. F. Biggar：Vicarious calibration of ASTER via the reflectance-based approach, IEEE T.Geosci. Remote., 46(10), pp. 3285-3295, 2008.

３）K. Arai, N.Ohgi, F. Sakuma, M. Kikuchi, S. Tsuchida and H. Inada：Trend analysis of onboard calibration data of Terra/ASTER/VNIR and one of the suspected causes of sensitivity degradation, International Journal of Applied Science, 2(3), pp. 71-83, 2011.

４）新井康平，独習リモートセンシング，森北出版，2004.

2章　打ち上げ前地上校正

衛星の打ち上げ前に地上で行われる放射量校正はセンサの特性評価の最も基本的な部分である。その目的は地球科学的解析に必要なセンサの諸特性を正確に決めてデータユーザに提供することにある。本稿で放射量校正の対象として取り上げる特性には，観測バンドの分光応答度（相対値），バンド中心波長，バンド幅，波長分解能，波数分解能，応答の線形性，応答度（絶対値），入出力特性などがある。最近の衛星搭載光学センサはバンド内に多数の検出素子を持つことが多いが，校正はすべての素子に対して行う。

衛星搭載光学センサは打ち上げ前に地上で可能な限り詳細に校正が行われる。打ち上げ後に軌道上にあるセンサを改めて校正することは，技術的に大きな制約を伴うからである。また打ち上げ後に軌道上で校正を行うために，校正用機材を衛星に搭載することが行われる。これらの校正用機材の特性も打ち上げ前に地上で詳細に評価するが，この話題は3章「機上校正」で述べる。

2.1　分光特性

光学センサの最も基本的な特性は，どの波長帯で観測対象の放射輝度を計測するかである。これをセンサの分光特性という。分光特性を表すパラメータとして通常使われるものに分光応答度（相対値），バンド中心波長，バンド幅，波長分解能，波数分解能などがある。

分光応答度（相対値）とはある観測バンドにおいてセンサがどの波長の放射輝度に対してどの程度の応答を示すかである。センサは通常多くの光学要素から構成されており，それらが多かれ少なかれ分光応答度に影響する。分光方式としてバンドパスフィルター方式，回折格子などを用いた分散分光方式，フーリエ分光方式がある。

2.1.1　フィルター分光方式と分散分光方式

バンドパスフィルターおよび分散分光方式のセンサの光学要素には，観測光の集光・結像のためのレンズおよび反射鏡，観測バンドに分けるためのビームスプリッタ，分光のためのバンドパスフィルターや回折格子，検出器等がある。この中で主としてセンサの分光特性を決めるのはバンドパスフィルターと回折格子である。

光学要素の分光透過率，分光反射率，分光応答度等を通常それぞれ単体で個別に測定したり，あるいは一部を組み合わせて測定したりする。分光特性の測定では，分光器から単色光を取り出し，波長ごとに光学要素それぞれの透過率，反射率，応答度などの測定を行う。検出器の分光応答度（相対値）

に関しては，分光応答度が波長に対して一定と見なせる基準検出器（受光面を黒化処理した熱型の検出器など）に対して波長ごとに出力の比を測定して求める。

すべての光学要素の分光特性を測定し，それらを掛け合わせてセンサ全体の分光応答度（相対値）を計算で得る。また光学要素を全部組み上げた後，センサ全体としての分光特性を改めて測定して，個別要素の測定結果から計算された分光特性と整合しているかどうかの確認が行われることもある。可視・近赤外域での分光応答度の測定例（ピークを１に正規化したもの）を図2.1に示す。この測定例は1999年12月に打ち上げられたASTERの可視・近赤外放射計（VNIR）における３つのバンドの分光応答度（相対値）である。

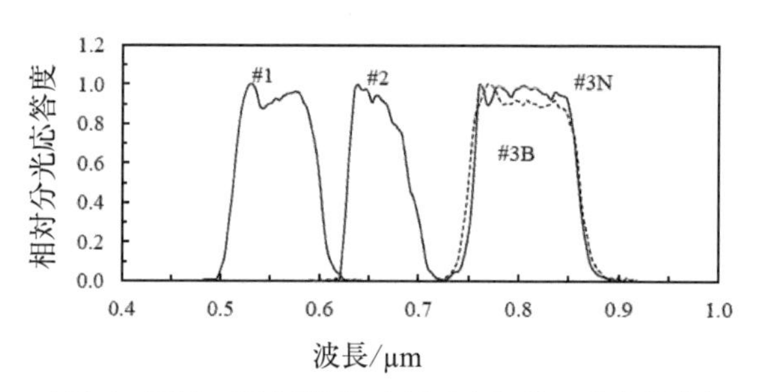

図2.1　可視・近赤外域におけるセンサの分光応答度

バンドの中心波長とバンド幅は１章で述べた定義に従って，図2.1の分光応答度曲線から計算する。センサの開発に当たっては，こうして得られた分光特性が要求仕様に合致しているかどうか確認する。測定された分光特性は不確かさを添えてユーザに提供することが望ましい。通常測定精度（知見精度）は要求仕様の許容値（制御精度）よりも良いからである。

図2.1に示したような100 nm程度の広いバンド幅を持つセンサでは問題になることは少ないが，バンド幅の狭いフィルターを使ったり，回折格子を使って波長分解能を高めたりした場合には，バンドの主たる帯域以外の放射に対するセンサの応答（帯域外応答）が問題になることがある。バンドパスフィルターや回折格子が完全でなく，意図しない波長域の放射が透過したり反射したり散乱したりして検出器に紛れ込むからである。帯域外応答が観測データの解析に悪影響を及ぼす可能性がある場合には，センサの設計時に帯域外応答のレベルを要求仕様に盛り込む。そして検出器が応答する可能性のある全波長域でセンサの分光応答度を測定することによって，帯域外応答が一定のレベル以下（例えば帯域内応答の0.1 %以下）であることを確認する。帯域外における分光応答度の測定は，各光学要素の個別測定だけでなく，センサとして組み上げた後に単色光を入力して行うのが確実である。太陽反射領域におけるバンドパスフィルター方式のセンサに関する分光特性の測定方法と測定結果は，Landsat 8号に搭載されたOperational Land Imagerの詳細な報告があるので参考にされたい[1)]。

2.1.2　フーリエ分光方式

フーリエ分光方式のセンサの場合，通常検出器が応答する広い波数域に渡って観測対象の分光放射輝度が連続的なスペクトルとして測定される。ここで「波数」とはフーリエ分光で用いられる量概念で，一定の間隔の中で繰り返される波の数と定義され，波長の逆数である。一定の間隔として通常1 cmを基準に取るので波数の単位はcm^{-1}である。フーリエ分光方式のセンサの分光特性は，バンドパスフィルターや分散方式のセンサとは異なる原理で決まる。フーリエ分光方式のセンサの重要な分光特性として波数分解能がある。波数分解能は細い線スペクトルをどの程度まで詳細に測れるかの指標である。原理的にはフーリエ分光器の波数分解能は移動鏡と固定鏡の最大光路差で決まる。波数分解能を測定するにはレーザビームを拡散光の状態にしてセンサに入力した上で，逆フーリエ変換後出力のフーリエスペクトルが波数軸上でどの程度広がるかを調べる。通常出力スペクトルのピークの半値全幅をもって波数分解能とする。波数分解能は2.1で述べたバンドパスフィルターのバンド幅に相当する概念である。

拡散レーザビームをフーリエ分光方式のセンサに入力したときに，前述のように出力スペクトルの幅が広がるだけでなく，本来の波数から離れた波数域に疑似スペクトルが現われることがある。検出器の応答に非線形性があるとフーリエ変換の結果，疑似スペクトルが計算上現われる。このような疑似スペクトルは，2.1で述べたバンドパスフィルターの帯域外応答に相当する概念である。実際の地球観測時にセンサに入力する放射は広帯域にわたる連続スペクトルであるので，フーリエスペクトル上での疑似スペクトルの現われ方は複雑なものとなる。フーリエ分光方式のセンサの非線形性については2.3.3⑵で述べる。

2.2　太陽反射領域センサの線形性と応答度

観測バンドの応答度は，センサ出力値を観測対象の分光放射輝度値に変換する重要なパラメータである。バンド応答度は1章で述べたように，センサ出力が入力の分光放射輝度に対して比例関係にあることを前提として定義されている。非線形性が無視できない場合には入出力特性そのものの校正が必要になる。本章ではまず太陽反射領域においてセンサの校正に使われる積分球を説明し，次にそれを使った応答の線形性とバンド応答度の地上校正を述べる。

2.2.1　積分球

太陽反射領域においては分光放射輝度の実用標準として積分球がしばしば用いられる。積分球を使って応答の線形性を調べたり，バンド応答度を校正したりする。積分球はそれ自身では分光放射輝度の絶対値を決められないので，別途放射量の一次標準にトレーサブルな校正によって決定する。

積分球は開口上で一様な分光放射輝度分布を実現する実用的な標準放射源である。**写真2.1**は代表的な積分球の開口正面の写真である[2)]。積分球は球殻構造を持ち，その一部に校正用の放射を取り出す開口が設けられている。開口のサイズは校正対象のセンサの口径を十分満たすようにする。球殻の内壁は高反射率かつ拡散反射性のコーティング材料やバルク材料で作る。反射率は波長域にもよるが通常98％以上あるいは95％以上のものが用いられる。

典型的な内壁材料に硫酸バリウムとフッ素系樹脂がある。また短波長赤外波長域（1.6 μmから2.0 μm）を主に用いるGOSAT/FTS（Fourier Transform Spectrometer）（後述）の校正には，拡散反射性の高い金属をサンドブラスト加工し，金のコーティングを施したものが用いられている。

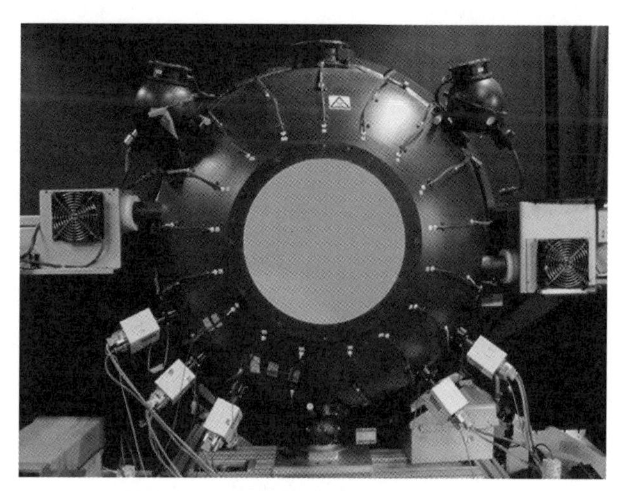

写真2.1　積分球の正面開口 ©JAXA

積分球は内壁上に通常開口に関して軸対称に複数のランプを配置する。ランプが発する放射は球殻の内壁で多数回の拡散反射を経た後均質化される。その結果，開口上で一様性の良い分光放射輝度分布が得られる。ランプにはハロゲンランプやプラズマランプが用いられる。ハロゲンランプの場合は450 nm程度から2 μm程度まで太陽反射光のレベルに近い分光放射輝度が得られる。プラズマランプの場合は紫外域で高輝度が得られ，350 nm程度から700 nm程度まで太陽反射光のレベルに近い分光放射輝度が得られる。ランプ光量を一定に制御することにより積分球の開口上で一様性と安定性，再現性に優れた分光放射輝度が得られる。

写真2.2に，後述するGOSATに用いた積分球とGOSAT/FTSの校正セットアップを示す。球殻の開口の周りには冷却ファン付のハロゲンランプが取り付けられ，供給電源電圧を調整して，積分球の分光放射輝度レベルを決定する。打ち上げ前校正ではGOSAT/FTSの開口部を積分球の開口部と正対させ，ポインティング機構から校正光を導入する。GOSAT/CAIは380 nm帯を有し，金では十分な反射率の確保が難しいため硫酸バリウムコートをした積分球を用いている。

種々のタイプの積分球の詳細が文献2）にまとめられているので参考にされたい。

写真2.2　GOSAT/ FTSの校正用積分球（左）および校正セットアップ（右）。積分球の開口部外周にハロゲンランプを12個軸対称に取り付けてある。GOSAT/FTSの開口部と正対させて校正を行う

2.2.2　応答の線形性

⑴　非線形性の定義と測定原理

センサの応答の線形性とは，センサ出力がその入力に比例する性質のことをいう。比例関係からずれる性質のことを非線形性という。センサの非線形性を測定するには重畳法（重ね合わせ法）が用いられる。重畳法では基本的に２つの独立した放射ビームを用いる。２つのビームを別々にセンサに入力した時の出力をそれぞれV_1とV_2とする。次に２つのビームを同時にセンサに入力したときの出力をV_{1+2}とする。$V_{1+2}=V_1+V_2$の関係が成立すれば線形性が成立する。差があった場合には，その差が非線形性を表す。重畳法による非線形性（ノンリニアリティ，NL）を次式で定義する。

$$NL=(V_{1+2}-V_1-V_2)/(V_1+V_2) \quad \cdots\cdots (1)$$

最も基本的な非線形性の測定はV_1とV_2をほぼ等しく設定するやり方である。すなわち入力を２倍にしたときの出力の２倍からのずれを測定する。入出力特性がスーパーリニアであればNLは正の値をとり，サブリニアであれば負の値を取る。２つのビームの重ね合わせ方には様々なやり方がある[3-5]。非線形性の測定を正確に行うためには，２つのビームを重ね合わせたとき，それぞれの光量の和がセンサに確実に入力できていることを実験的に確認する必要がある。ビーム光量の時間的安定性と再現性も非線形性測定の正確さに影響する。

⑵　積分球による線形性測定

太陽反射領域でしばしば用いられる光起電力（photovoltaic）型検出器は一般に線形性に優れるが，センサのそれぞれのバンドについて線形性を実際に測定で確認しておくことが大切である。どのようなセンサでも入力の分光放射輝度をどんどん増していけば，出力は最後には飽和するからである。飽和現象は検出素子においても起こるし，電気回路においても起こる。線形性の測定はセンサ出力が飽和状態に近づいていないことを確認することでもある。

積分球を用いて線形性を測定するためには，まずセンサを積分球の開口正面に設置した状態で，積分球内の複数のランプからのビームをセンサに順次入力する。基本的には２つのランプを点灯し，それぞれのランプからのビームを単独で入力したときのセンサ出力がほぼ同じレベルになるようにビー

ム光量を調整する。ビーム光量の調整にはランプの点灯パワーを調整してもよいし，ビーム光量の減衰器（アッテネータ）を利用してもよい。次に2つのランプからのビームを同時にセンサへ入力し出力を測定する。このようにして式（1）を用いて非線形性*NL*を得る。

次にセンサへ入力する2つのランプビームの光量を増加させ，それぞれ前の光量のほぼ2倍になるように設定する。その状態で前と同じ操作を繰り返して再び非線形性*NL*を測定する。この操作をN回繰り返せば，最初の入力レベルの2^N倍までの入力範囲でセンサの非線形性を測定できる。測定で得られた非線形性*NL*に対して近似式を当てはめることで，ダイナミックレンジ全体に対してセンサの入出力特性を得ることができる。

上記の方法以外にも，一定レベルのビーム光量をセンサに順次入力することによって非線形性を測定できる。例えば積分球が6個のランプを内蔵している場合，それぞれのランプを単独で点灯してほぼ等しいセンサ出力が得られるようにビーム光量を調整しておく。そしてセンサへの入力ビームをひとつひとつ増やしていくことにより，ほぼ等間隔の入力に対して6段階で非線形性を測定することができる。

積分球を用いた重畳法で可視・近赤外センサの非線形性を測定した例を図2.2に示す。バンドの中心波長における入力分光放射輝度を横軸に，センサ出力（ディジタルナンバー，*DN*）を縦軸にとって入出力特性を描いたものである。測定対象はシリコンフォトダイオードからなるCCD検出器の2素子である。(図では2素子の結果は重なっており，ほとんど差が見えない)。図では200 W m^{-2} $sr^{-1}$$\mu m^{-1}$の入力レベルにおいてセンサ出力が直線から少しずれて大きめに出ている。同時期に取得した他のバンドの非線形性の測定結果でも同様の傾向が認められることから，この原因は素子の非線形性というよりは，むしろ積分球の入力ビームの重畳過程かデータ処理に系統的な誤差が含まれていたと理解すべきであろう。素子の線形性は図2.2よりも良いと考えられる。

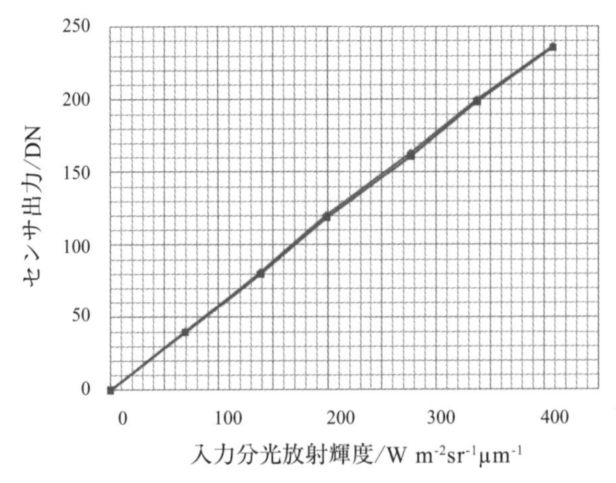

図2.2　シリコンフォトダイオード検出素子を持つ可視・近赤外センサの応答の線形性

ダイナミックレンジ全体で線形性が確認されたセンサに対しては，基本的にその中の2点における校正で応答度を決定できる。これを2点校正という。通常ゼロ入力レベルと高入力レベルで校正し，

線形的に補間・補外することによってダイナミックレンジ全体の入出力特性が得られる。

2.2.3　放射量の一次標準

積分球はそれ自身では分光放射輝度の絶対値を決めることができないので，何らかの上位の標準で校正する必要がある。一次標準とは当該測定量に関する不確かさが最も小さい標準のことであり，主要国の国立標準研究所で開発され保有されている。太陽反射領域における放射量の一次標準には以下に述べる極低温放射計と定点黒体炉が使われている。極低温放射計と定点黒体炉はそれぞれの不確かさの範囲内で同等であるので，積分球をどちらにトレーサブルに校正するかには選択の余地がある。欧米の主な宇宙機関は極低温放射計にトレーサブルにしているが，日本では主として定点黒体炉にトレーサブルにしている。

(1)　極低温放射計

極低温放射計は光ビームのパワー（単位はW）の絶対値を測定できる計測器である[4)]。図2.3に極低温放射計の断面模式図を示す。液体ヘリウム温度付近の極低温環境に保持された空洞が入射ビームのパワーを熱的に検知する。入射ビームとしては通常出力を安定化させた連続発振レーザが使われる。空洞の内面は黒化処理されて入射ビームの吸収率を高めている。開口から空洞に入射したビームは空洞の内壁で吸収と反射を繰り返すうちに，空洞内でほとんどすべてが吸収される。吸収されたレーザパワーは空洞の温度を上昇させるので，温度上昇分を空洞壁に設置した温度センサで測定する。空洞自体は純金属で作られているので，極低温の状態では比熱容量が極めて小さくなり大きな温度上昇が得られるとともに，熱伝導率が非常に増大するので空洞全体が一様な温度になりやすい。

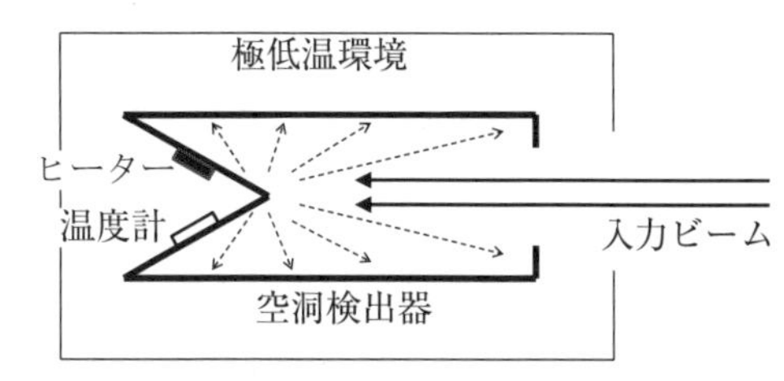

図2.3　極低温放射計の断面概略図

入射レーザビームを切った状態で空洞底部に設置したヒーターにより空洞を通電加熱する。レーザビームの場合と同じだけの温度上昇を示すようにヒーター電力を調節する。このようにして入射レーザビームのパワーを電力に置換して絶対測定ができる。決定されたレーザビームのパワーを基にして分光放射照度（単位は$W\ m^{-2}\ \mu m^{-1}$）や分光放射輝度（単位は$W\ m^{-2}\ sr^{-1} \mu m^{-1}$）の実用標準を組み立てる。極低温放射計が適用できる波長範囲は紫外域から赤外域までと広く，不確かさはおよそ0.01％のオーダーである。

(2)　定点黒体炉

定点黒体炉とは特定の物質が一定の温度で凝固する性質を利用し，凝固点温度の黒体放射を実現する装置である。定点黒体炉の正面からの写真を**写真2.3**に示す。上部が電気炉であり，下部が電源・制御部である。電気炉の中央部分に黒体空洞の丸い開口部が黒く見える。電気炉は内部に定点セルを持ち，定点セルの温度と電気炉の温度分布を制御できるようになっている。

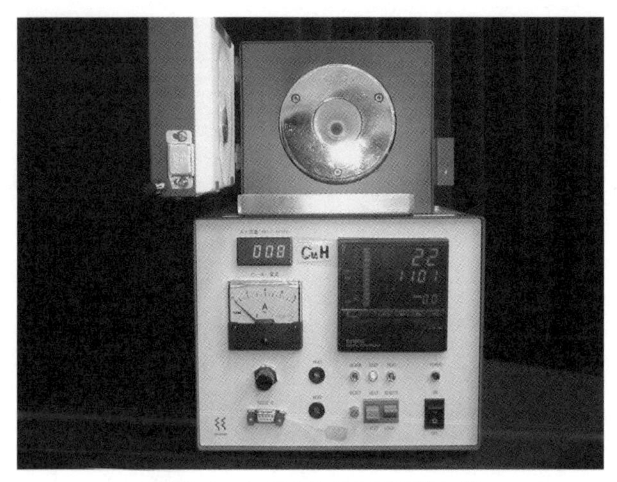

写真2.3　定点黒体炉の正面開口部

定点セルは円筒型の空洞（通常黒鉛製）とそれを取り囲む定点物質とからなる[3]。定点セルを加熱していったん定点物質をすべて溶かした後，徐々に温度を下げていくと定点物質の固液共存の状態が得られる。適切な温度制御によって固液の界面が空洞を取り囲むようにすることで，空洞の温度は定点物質の凝固点温度に極めて近くなり，空洞の開口部からその温度の黒体放射が射出される。このような黒体は定点物質の種類を選択することで，室温付近から3,000 K程度までの広い温度範囲で実現できる[6]。

定点黒体炉には現在10種類以上の定点物質が利用可能である。波長域によって適切な定点物質を選択することで300 nmから2.5 μmまでのそれぞれの波長域で太陽反射光とほぼ同じレベルの分光放射輝度の標準を実現できる。黒体炉の分光放射輝度は定点物質の凝固点温度と波長からプランクの式で理論的に得られる。

2.2.4　トレーサビリティ

この節では太陽反射光と種々の放射量標準とで，それらの分光放射輝度レベルを比較したのち，衛星搭載センサを実際にどのような校正の連鎖で放射量の一次標準にトレーサブルにするかを述べる。

(1)　標準放射源の分光放射輝度レベル

衛星搭載センサの応答度を校正するにあたっては，標準放射源の分光放射輝度は太陽反射光とほぼ同じレベルにあることが望ましい。図2.4に太陽反射光と代表的な標準放射源の分光放射輝度レベルを示す[7,8]。太い実線は反射率１の完全拡散体を太陽直達光が垂直に照らした場合の反射光（太陽反射光）の分光放射輝度である。

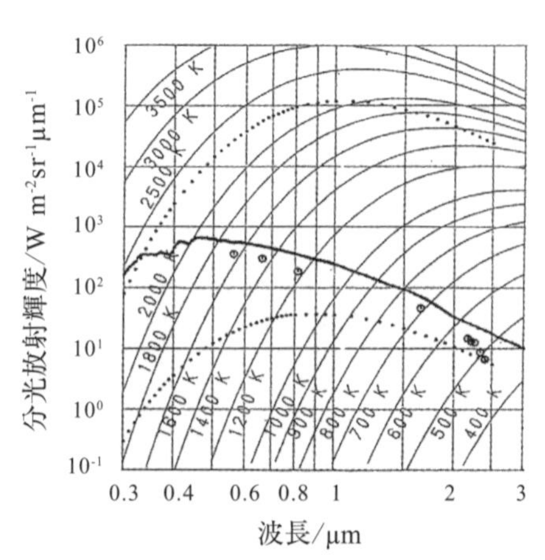

図2.4　太陽反射光と標準放射源の分光放射輝度レベル

細い実線は種々の温度の黒体の分光放射輝度を示す。

図の上部の点線は分光放射輝度標準電球で通常得られる分光放射輝度レベルである。ほとんどの波長域で太陽反射光よりもはるかに高い分光放射輝度を示すので，地球観測用センサの実用標準としては適さない。下部の点線は分光放射照度標準電球と標準白色拡散板を用いた場合（図2.5を参照）に通常実現される分光放射輝度レベルである。長波長側の領域では太陽反射光とほぼ同じ分光放射輝度レベルが得られるので，衛星搭載センサを校正する実用標準として適している。ただし紫外域では太陽反射光よりもかなり低いレベルとなることには問題がある。

黒体放射を一次標準に用いる場合，太陽反射光と同じレベルの分光放射輝度を得るためには波長域ごとに適切な黒体温度を選ばなければならないことが図2.4から分かる。短波長赤外域では500 Kから700 K程度の黒体放射がほぼ同じレベルを示す。紫外域においては2,000 K以上の黒体放射がほぼ同じレベルを示す。図2.4の中の白抜きの丸○は，ASTERの可視・近赤外放射計（VNIR）および短波長赤外放射計（SWIR）の各バンドの中心波長と高入力レベルを示す。

(2)　極低温放射計へのトレーサビリティ

図2.5に極低温放射計を放射束（単位はW）の一次標準とした場合に通常採用される校正トレーサビリティを示す。まず衛星搭載センサの応答度（単位は例えば$V/Wm^{-2}sr^{-1}\mu m^{-1}$）は積分球に対して校正される。次に積分球の分光放射輝度（単位は$Wm^{-2}sr^{-1}\mu m^{-1}$）は分光放射輝度比較器（分光器を内蔵）を介して標準白色拡散板から決められる。標準白色拡散板の分光放射輝度は分光放射照度標準電球（分光放射照度の単位は$Wm^{-2}\mu m^{-1}$）によって決められ，さらにその分光放射照度は温度可変黒体炉の分光放射輝度を介して極低温放射計から決められる。

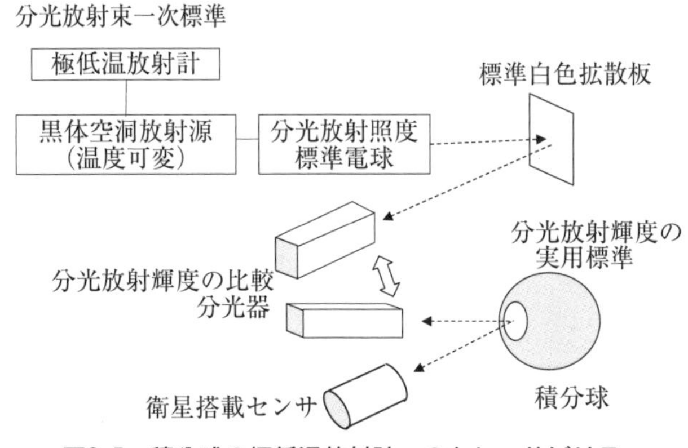

図2.5　積分球の極低温放射計へのトレーサビリティ

図2.5に示したトレーサビリティの場合，校正された分光放射輝度の相対不確かさ（1 σ）は，標準白色拡散板でおよそ1.3 %，積分球で1.6 %程度である。分光放射照度標準電球や標準白色拡散板の校正サービスは米国では国立標準技術研究所（NIST）が，日本では産業技術総合研究所計量標準総合センター（産総研NMIJ）が行っている[9)]。

最近のトレーサビリティの新しい動きとして分光放射照度標準電球と標準白色拡散板を使う代わり

に，小型積分球と移送可能な分光放射輝度計（以後移送放射計という）を使う方式が米国で行われている[10)]。NISTが自己が保有する分光放射輝度の一次標準に基づいて小型積分球の分光放射輝度を校正し，それに対して移送放射計の応答度を校正する。次に移送放射計をNISTからセンサメーカに移送する。センサメーカにおいて移送放射計を基にして衛星搭載センサ用の大型積分球の分光放射輝度を決める。このトレーサビリティ方式によって，太陽反射領域の短い波長領域において一定の輝度レベルが得られるようになったと考えられる。

(3)　定点黒体炉へのトレーサビリティ

図2.6は定点黒体炉を分光放射輝度の一次標準とした場合に通常採用される校正トレーサビリティを示す。定点黒体炉に基づいて，ダブルモノクロメータを内蔵した分光放射輝度比較器を用いて，積分球の分光放射輝度を決定する。いったん積分球の分光放射輝度を決めた後は，別の安定な放射計や積分球に内蔵された検出器によって積分球の校正値にその後変動がないことを定期的に監視する。無視できない変動があった場合には，再度定点黒体炉による校正を行う。

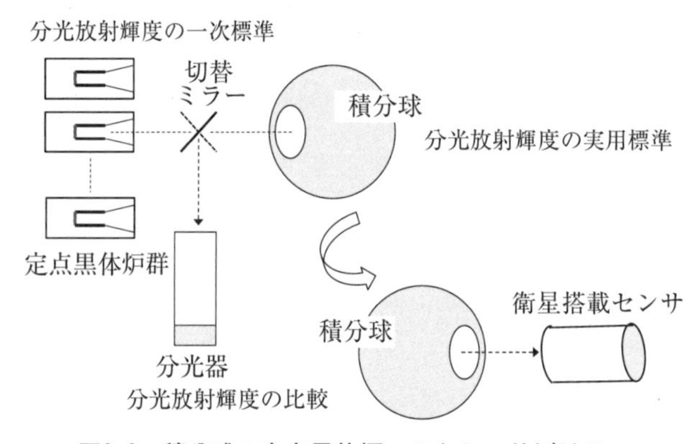

図2.6　積分球の定点黒体炉へのトレーサビリティ

太陽反射光と同じレベルの分光放射輝度を与える黒体放射の温度は図2.4に示したように観測波長域によって異なる。2000年以前は実用的に使える最も高温の定点黒体炉は銅点(1084.62℃)であった。銅点黒体は可視域の緑から長波長域には対応できていたが，可視域の青から紫外域にかけてはより高温の黒体放射が必要であった。1990年代の末から日本で金属－炭素の共晶点と金属炭化物－炭素の包晶点を利用した新しい温度定点が開発されたことでこの状況が打開され[11,12)]，紫外域まで太陽反射光と同レベルの分光放射輝度を与える温度定点が実現した。

波長が300 nm以下から380 nmまでの紫外域では炭化タングステン－炭素包晶点（2,749 ℃），レニウム－カーボン共晶点（2,474 ℃），白金－カーボン共晶点（1,738 ℃）が現在使える。波長が380 nmから750 nmまでの可視域では白金－カーボン共晶点（1,738 ℃），パラジウム－カーボン共晶点（1,492 ℃），コバルト－カーボン共晶点（1,324 ℃），鉄－カーボン共晶点（1,153 ℃），銅点（1,084.62 ℃）などの定点が使える。波長が750 nmから1.5 µmまでの近赤外域では従来通り銀点（961.78 ℃）とアルミニウム点（660.323 ℃）が，1.5 µmから2.5 µmまでの短波長赤外域では亜鉛点（419.527 ℃），すず点（231.928℃）がそれぞれ使える[6)]。

ASTERのVNIRとSWIRの地上校正に使われた積分球は，産総研NMIJの定点黒体炉にトレーサブルに校正が行われた。定点黒体炉の分光放射輝度の不確かさは温度域と波長域にもよるがおよそ0.1％のオーダーである。定点黒体やそれらを用いた放射計の校正サービスは日本では産総研NMIJが室温付近から炭化タングステン－炭素包晶点（2,749℃）まで行っている[9)]。同じ温度範囲で民間事業者が市販する定点黒体炉を利用することも可能である[13)]。市販の定点黒体炉は産総研NMIJの一次標準である定点黒体炉と分光放射輝度を直接比較することでトレーサビリティを確保している。なお銅点（1,085℃）を超える高温域では定点黒体炉が大型化して移送が難しくなる場合には，分光放射輝度の仲介器物として可搬型で安定性に優れた移送放射計や小型積分球が必要になる。移送放射計は分光のためにバンドパスフィルター（複数枚も可）を用いてもよいし，回折格子やプリズムを用いてもよいが，堅牢に設計し移送中に特性が十分安定でなければならない。

可視・近赤外の搭載センサに対して図2.6に示したような校正を行った場合の分光放射輝度の不確かさ（1σ）の評価例を表2.1に示す[7,8)]。表には不確かさの要因とそれぞれの不確かさが示されている。最も大きい不確かさの要因は分光放射輝度比較に起因するものであり1％と評価されている。その内訳は，分光放射輝度比較器の設定波長と光源面積効果に起因する不確かさである。設定波長に起因する不確かさが大きい理由は，分光放射輝度スペクトルの波長に対する傾きが黒体放射と積分球とでは大きく異なっており，分光器のわずかな設定波長の誤差が分光放射輝度測定の大きな誤差に結び付くからである。このため分光器には逆分散方式のダブルモノクロメータを用い，両開きの射出スリットを持つものが強く推奨される。

表2.1　打ち上げ前地上校正における不確かさのバジェット表
（可視・近赤外センサの場合）

	不確かさの要因	相対標準不確かさ
1	定点黒体の不確かさ	0.30％
2	分光放射輝度の比較	1.00％
3	積分球の安定度	0.70％
4	校正対象のセンサの安定度	0.30％
合計	合成標準不確かさ	1.30％

積分球の分光放射輝度の一様性，安定性，再現性に起因する不確かさは0.7％，定点黒体の不確かさは0.3％と評価されている。表2.1では校正対象のセンサとしてASTERのVNIRを想定したのでセンサ自体の安定性は0.3％と評価した。合計の不確かさは，要因ごとの不確かさの二乗和の平方根として1.3％と評価されている。

(4) 分光放射輝度標準の地上相互校正

異なる複数の衛星搭載センサのデータを使って地球科学的現象を統合的に解析する場合には，それぞれのセンサの校正が互いに整合している必要がある。地上校正の方法や校正手順はセンサの開発機関ごとに異なっていたり，あるいは同一であったとしてもそれぞれに系統的不確かさがあったりして，異なる機関の間で分光放射輝度の標準値が整合しているかどうかは自明ではない。このため宇宙機関，国立標準研究所，大学およびセンサ製造メーカなどが，それぞれが保有する分光放射輝度の標準値を互いに比較して検証する相互校正が行われている。

場所が遠く離れた機関の間で相互校正するためには，何らかの仲介器物を各機関の間で移送する必要がある。仲介器物は輸送が容易であるとともに移送途中で応答度などの特性が変化しないことが要件である。複数の機関が参加する相互校正では仲介器物を移送して一か所に集めた上で，同一の放射源の分光放射輝度を測定してその測定結果を相互に比較する。

仲介器物には通常移送放射計を用いる。相互校正に参加する各機関がそれぞれ移送放射計を用意する。移送放射計の波長域は相互校正に参加する機関が互いに関心がある波長域に設定する。参加機関は移送放射計の分光応答度（相対値）あるいは中心波長を測定し，自己の機関の標準放射源で応答度を校正した上で移送する。移送放射計の応答度が移送中に変化していないことを監視するために，参加機関が小型積分球を同時に移送することがある。

極低温放射計へのトレーサビリティと定点黒体炉へのトレーサビリティは原理的には不確かさの範囲で同等であるが，実際問題としてどの程度整合しているかは測定で明らかにしておくべきものである。この点から定点黒体炉にトレーサビリティを取っている日本の各機関は，極低温放射計にトレーサビリティを取っている諸外国の機関と積極的に相互校正を行ってきた[14-16]。日本が相互校正した外国の機関にはフランスのCNES（国立宇宙研究センター），米国のNASA/GSFC（ゴダード宇宙飛行センター），JPL（ジェット推進研究所），NIST，アリゾナ大学等がある。日本からの参加機関は産総研NMIJ，JAXA，センサ製造メーカ等である。太陽反射領域の種々の波長で相互校正を行った結果，機関間の標準値の差はおよそ１％から３％程度であった。この結果はそれぞれの機関が保有する分光放射輝度の標準値の不確かさや移送放射計の安定性などを考慮すると合理的なものと考えられる。

2.2.5　多素子センサの校正

最近の地球観測センサは検出器の多素子化を行っている。同一バンド内でも各素子はそれぞれ応答度が異なるので，校正はすべての素子に対して行う。図2.7は可視・近赤外域に観測バンドを持つシリコンフォトダイオードのCCD検出器の約4,000素子を積分球で校正したときのそれぞれの出力レベルを示す。図は上部に偶数番号素子，下部に奇数番号素子を示している。また出力レベルは全体の平均値が１になるように正規化されて相対値で示されている。各バンドの素子ごとに応答度が記録され，その結果を用いてセンサのデータ処理の段階ですべての素子に対して応答度補正が行われ入力放射輝度に変換される。

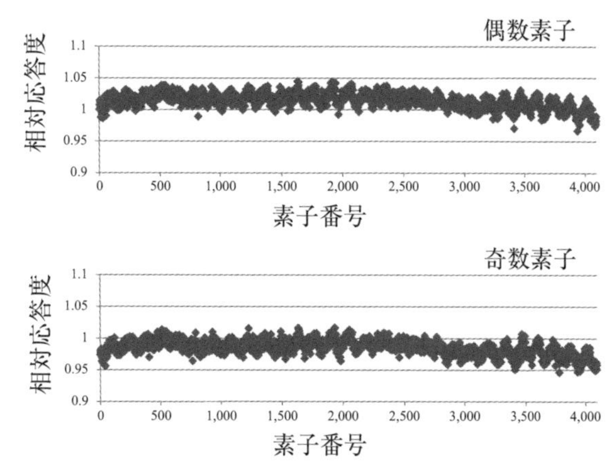

図2.7　可視・近赤外域で多素子検出器を持つセンサの校正

2.2.6　視野外応答

検出素子がセンサの光学系を通して観測対象の放射を時々刻々検知する空間領域を瞬時視野という。瞬時視野をセンサから見た角度の広がりとして表したものが瞬時視野角である。瞬時視野は基本的には幾何光学的に決まる検出素子の地表への投影であるが，実際にはセンサの光学系の収差や観測ビームの多重反射，散乱，回折などによって瞬時視野はぼけて広がる。瞬時視野から来る放射に対する検出素子の応答を視野内応答という。

一方軌道上のセンサから見た場合，地球全体の立体角はセンサの瞬時視野角よりもはるかに大きい。広い角度から大量のビームが開口部を通してセンサの内部に入り込む。これらのビームは正規の光路ではなく，何らかの別の経路を通って一部が検出素子に到達することがある。これを迷光と呼び，迷光に対する検出素子の応答を視野外応答という。視野外応答を低減するためにセンサの鏡筒内部を黒化処理したり，鏡筒内の各部位が特定の方向へ強い反射ビームを発生させたりしないように，センサの光学系と鏡筒部は注意深く設計される。

視野全体が明るく，その中で一部が暗くなっている領域を観測するときなど，迷光があると暗い領域の放射輝度が見かけ上実際より明るく計測されてしまう。また非常に明るい領域が視野外にある時にそのゴースト（疑似像）が視野内に現れることがある。瞬時視野角が小さい場合には迷光の影響が大きくなりがちなので視野外応答には特に注意が必要である。視野外応答の影響を確実に抑えたいときには，センサの設計時に視野内応答に対する視野外応答の比率を要求仕様に盛り込む。要求仕様が満たされていることを確認するために，打ち上げ前に地上でセンサ開口部に広い視野角からビームを入射して視野外応答のレベルを測定する。

2.3　地球放射領域センサの校正

地球が射出する熱放射のうちリモートセンシングで通常興味が持たれるのは，温度域ではおよそ

220 K から360 K 程度，波長域では 3 μm 程度から十数μm までである。熱赤外センサの打ち上げ前地上校正には，この温度範囲をカバーするような温度可変の黒体放射源が用いられる。またこの波長域であれば，分光放射輝度が事実上ゼロの放射源（ゼロ入力）はおよそ100 K の黒体であれば十分である。熱赤外センサは検出器を低温に冷やして使うことが多い。このためセンサを大気中で動作させることができない場合には，真空状態で周囲温度を制御した特殊な環境（熱真空試験装置）の中で地上校正や試験が行われる。黒体放射源も通常熱真空試験装置の中で動作させる。

2.3.1　黒体放射源

黒体の特徴はその分光放射輝度の絶対値がプランクの式から理論的に導き出せることである。一様な温度に保持された空洞はその開口部から黒体放射に近い放射を射出する。また表面形状を工夫した面状の放射源によっても黒体放射に近い分光放射輝度が実現できる。

(1)　黒体空洞放射源

温度可変の黒体空洞放射源の模式図を図2.8に示す。(a) は外観を示し，(b) は断面を示す。通常空洞の内壁にはV字形の鋭い溝が掘られる。空洞の温度に関しては，全体に渡って一様な温度分布になるように制御される。空洞の開口はセンサの視野をカバーするように十分広く取る。空洞が熱放射体として完全な黒体にどの程度近いかは，空洞の実効放射率によって表される。物体の放射率と吸収率の間にはキルヒホッフの法則が成立して互いに等しい。これを等温空洞に当てはめれば実効放射率が 1 の放射体を作るには，実効吸収率が 1 の吸収体を作ればよい。そのために黒体空洞は開口径に比べて空洞の奥行きを深く作って，開口から入射した放射のほとんどが空洞内で吸収され，開口から再び出ていく割合を最小限にするように設計する。空洞の内壁にV字形の溝を掘ることの理由は，形状の効果で空洞の実効放射率を高めることである。

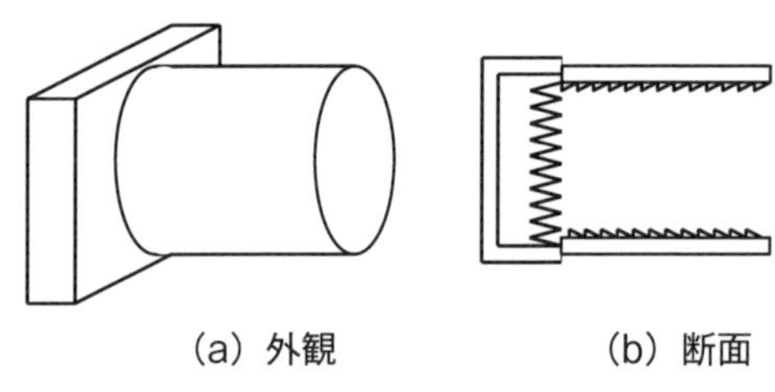

図2.8　地球放射領域における温度可変黒体空洞放射源の概略

空洞の内壁表面は熱赤外域で放射率の高い（すなわち吸収率の高い）材料でコーティングする。開口の直径に対する奥行きの比を 3 から 5 とし，内壁表面に放射率の十分高い材料を選べば，通常実効放射率が0.99以上の黒体放射源が得られる。いろいろな形状の空洞について実効放射率の計算が行われているので[17-19]，それらを参照して空洞の実効放射率を評価する。

正確な黒体放射を得るためには，空洞全体に渡って温度を一様に保たなければならない。空洞の温度分布が一様でないと実効放射率に不確かさを生じさせる。空洞の温度を測定するには接触式の温度計が使われるが，温度の国家標準にトレーサブルな校正を受けたものを使用しなければならない。

(2)　面状の黒体放射源

黒体空洞放射源ほどには高い実効放射率は必要としないが，温度制御の機動性，広い放射面積や広い角度範囲で黒体放射が必要な時は面状黒体放射源が使われる。実効放射率を上げるために，表面に

V字型の溝を掘ったり，あるいは表面全体にハチの巣状の六角形の微小な空洞を掘ったりもする。面状黒体の表面は高い放射率の材料でコーティングする。面状黒体と同じ温度に制御されたフードを面状黒体の側面前方に設置することで実効放射率の不足分を補うこともある。

2.3.2 背景放射

太陽反射領域とは異なって地球放射領域に特徴的なことは，有限の温度の物体はすべてその温度と放射率に応じた熱放射を射出しており，常温付近の物体が出す熱放射が通常無視できないことである。常温付近にある物体は観測対象の地球放射輝度と同じレベルの放射を出しているからである。センサの内部にある常温の物体や熱真空試験装置内の常温の物体が発した熱放射は背景放射として検出器や黒体放射源を強く照射している可能性があることに注意が必要である。

検出器の周囲にある常温の物体が射出する熱放射が検出器に入射した場合は，背景放射として検出器の出力に一定のバイアスを与える。物体の温度がドリフトした場合，検出器の出力もドリフトし，校正の不確かさの要因となる。背景放射自体を低減するために，センサ全体を低温（例えば180 Kから190 K）に冷やすことも行われている[20]。

校正用の黒体放射源の周囲に常温付近の物体がある場合も同様の背景放射が黒体放射源の開口を照射し，その反射成分が黒体放射源本来の分光放射輝度に上乗せする形で加えられることに注意が必要である。この効果は低温の黒体放射源の場合に特に顕著になり，大きなバイアスが乗る可能性がある。

2.3.3 入出力特性

黒体放射は分光放射輝度の絶対値がプランクの式から理論的に導き出されるため，地球放射領域のセンサは太陽反射領域のセンサと違って線形性の測定を別途行う必要がなく，黒体放射源の温度を段階的に変えてセンサ出力を測定することで，非線形性を含む入出力特性を直接測定することができる。検出器として光伝導（photoconductive，PC）型の素子を用いる場合は，光起電力型（photovoltaic，PV）型の素子に比べて一般に応答の非線形性が大きいので，それを考慮してセンサを校正する必要がある。

(1) フィルターおよび分散分光方式のセンサ

バンドパスフィルターや回折格子を用いた熱赤外センサの場合，バンドの中心波長が正確に求まっていれば，温度が既知の黒体放射源を使うことでプランクの式から分光放射輝度の絶対値が分かり直接センサを校正できる。センサのダイナミックレンジ全体をカバーするように黒体放射源の温度を変化させて，黒体温度とセンサ出力との関係を測定することでセンサの入出力特性が求まる。

熱赤外センサの入出力特性の校正例を図2.9に示す。この図は縦軸に黒体の入力分光放射輝度を取り，横軸にセンサ出力（任意目盛）を取っている。図2.2とは逆になっていることに注意願いたい。この例は中心波長がおよそ10 μmの熱赤外バンドのある素子の入出力特性を示す。検出器は水銀カドミウムテルルのPC型素子である。図2.9の入出力特性にはダイナミックレンジ全体で，サブリニアな（入力レベルの増加に伴い出力レベルが低下する傾向の）非線形性が認められる。この入出力特性は

2次の多項式でよく近似できている。

Landsat 8号搭載のバンドパスフィルター方式の熱赤外センサについて，地上校正の方法と結果の詳細が引用文献20)と21)に述べられている。

⑵　**フーリエ分光方式のセンサ**

フーリエ分光方式のセンサの場合も基本的にはバンドパスフィルターや分散方式と同様に，黒体放射源を用いてセンサの校正を行う。黒体放射源の温度をセンサのダイナミックレンジ全体で変えながら，フーリエスペクトルと黒体の分光放射輝度の理論スペクトルとを帯域全体で対応付けることで入出力特性が求まる。

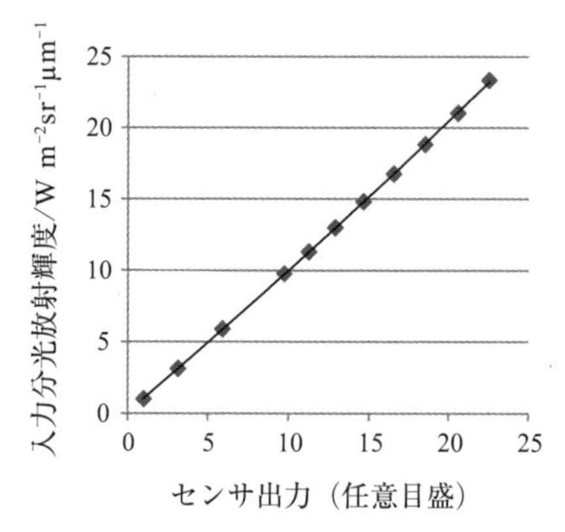

図2.9　地球放射領域の光起電力検出器センサの入出力特性

フーリエ分光方式のセンサに特徴的なことであるが，フーリエ変換の特性を利用して検出器の非線形性を推定し，それを補正した上で本来のフーリエスペクトルを再構成できる可能性がある。検出器に応答の非線形性があると，フーリエ分光器の検出器の出力であるインターフェログラムが本来のものから歪む。PC型素子の場合，サブリニアな非線形性が想定されるが，その場合インターフェログラムのセンターバーストの信号レベルが低く抑えられてしまう。インターフェログラムが歪む結果，検出器が本来応答しない波数域（帯域外）に疑似的なスペクトルを計算上発生させる。それだけでなく非線形性効果は帯域内スペクトルにも複雑な誤差を生じさせる。

フーリエ分光方式のセンサの非線形性効果をスペクトル解析の手法で解決することが試みられている[22-26]。検出器の帯域幅がオクターブ（波数で2倍）を超えないセンサの場合，2次の非線形性は主として低波数側の帯域外に，3次の非線形性は主として帯域内に疑似スペクトルを発生させる[22]。2次と3次の非線形係数をいろいろと変化させ，帯域の内外で発生する擬似スペクトルが最小になるように最適化問題を解くことで，2次と3次の非線形係数を推定することができる。このようにして推定した非線形係数を用いてインターフェログラムを補正した上で再度フーリエ変換を行うことにより，非線形性のない場合の本来のフーリエスペクトルが再構成されると期待される。なお実際の補正では2次までで十分な場合が多い。

このような方法で非線形性の推定と補正を行うことの妥当性は，実際に黒体放射源を使って検証されるべきものである。センサのダイナミックレンジ全体において温度を段階的に変えた黒体放射を入力し，得られたフーリエスペクトルが帯域内全体において黒体の分光放射輝度に比例して変化するかどうかを調べることで，非線形性の推定と補正の妥当性が検証される。

なお最近は地球放射領域でPV型の熱赤外検出器が多く使われる傾向にある。一般にPV型検出器の応答の線形性はPC型よりも良いが，電気系も含めてセンサの線形性を実験的に確認しておくことは重要である。またフーリエ分光方式を地球放射領域だけでなく太陽反射領域においても採用するセンサの例が増えている。この節で述べたことは太陽反射領域のフーリエ分光方式のセンサにも適用できるものである。その場合には校正用の標準放射源としては黒体放射源の代わりに積分球が用いられる。

(a)　GOSAT/FTSの事例

温室効果ガス観測技術衛星GOSATは2009年に打ち上げられた温室効果ガスを専用に観測する衛星で，フーリエ分光方式を採用する主センサである温室効果ガス観測センサ（TANSO-FTS，以下GOSAT/FTS）と補助センサとしてプッシュブルーム型のフィルター分光方式の雲・エアロゾルセンサ（TANSO-CAI）を搭載する。観測波長帯はFTS，CAIそれぞれ0.76 μm（B1），1.6 μm（B2），2.0 μm（B3），5.5 μm-15 μm（B4），および0.38 μm（B1），0.67 μm（B2），0.87 μm（B3），1.6 μm（B4）である。分子分光測定を行うため，GOSAT/FTSは短波長赤外波長域では世界最高の波数分解能を有する。

GOSAT/FTSではフーリエ分光器の多重化の長所を生かし，太陽反射領域と地球放射領域を同時に，同一地点を，同じ波数分解能で観測する。フーリエ分光器は観測する波長範囲のスペクトルが多重化されるため，一般に広いダイナミックレンジが必要となり，アナログデジタル変換では高ビット数が必要でGOSATでは16ビットを用いている。AD変換器にも微分非線形性誤差と積分非線形性誤差があり，特にダイナミックレンジの中心で大きいことが知られている[25)]。インターフェログラム取得時にACサンプリングすると光路差が大きくなるにつれ中心ビットを頻繁に使用し，補正が困難なため，DCサンプリングをするかオフセット電圧を付加するなどの設計の工夫が必要である。

太陽反射領域では太陽天頂角が大きい極域から小さい低緯度まで，また反射率の低い海面から高い砂漠までを観測し，入射輝度レベルが大きく変化する。厚い雲観測時の出力の飽和は避けられないが，太陽高度と地表面に応じて増幅率を切り替えていくことが望ましい。

二酸化炭素（CO_2）やメタン（CH_4）などの大気微量成分の観測では，大気成分により吸収される波長とされない波長における分光放射輝度の比を計測するため，絶対校正精度よりも高精度で観測ができる。しかしながら，温室効果ガスの大半が存在する対流圏では，薄い巻雲やエアロゾルによる散乱により，太陽—地表面—衛星の光路長が変化する効果が無視できない。散乱成分と地表面反射成分の比を正確に観測するためには，地表面反射率導出時に絶対校正精度が要求され，FTSでも他の放射計と同様打ち上げ前校正が必要である。図2.10に示すように高層に巻雲があり地表面が暗い場合，太陽光の一部は高層で反射し衛星に戻ってしまうためCO_2の吸収を過小評価することになる。一方高層に砂塵が舞い上がり，反射率も高い砂漠では多重散乱の効果により，CO_2の吸収を過大評価することになるため，地表面反射率の絶対値と散乱成分の評価がCO_2のわずかな増加・変化を捉えるには重要である。

GOSAT/FTSの入出力特性の校正では，大気圧中で窒素パージを行ったブースにセンサを入れて積分球による校正を行ったり，積分球を真空チャンバー内に入れた校正を試みたりした。しかしながら窒素パージを行っても大気圧中では酸素や水蒸気の影響を完全に除去できないこと，また真空チャンバー内では積分球電源の放熱といった困難があった。これらのことから，大気の吸収帯では大気圧中での校正データを主とし，それに真空チャンバー内での積分球の相対的分光特性を組み合わせて分光放射輝度換算テーブルを作成したが，今後の精度改善が必要である。

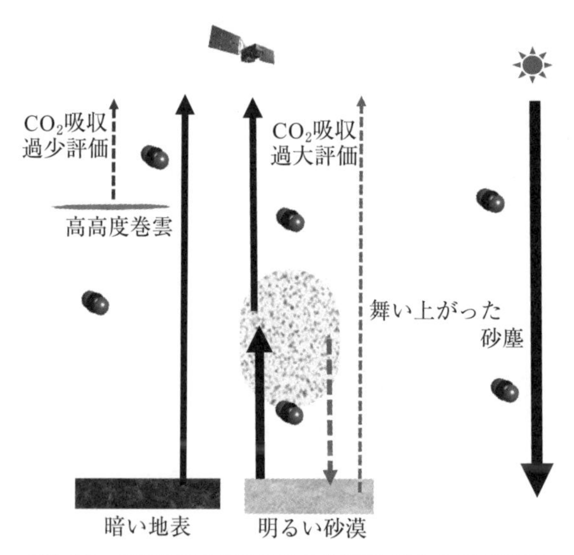

図2.10　GOSAT/FTSのCO_2観測の概念と誤差要因

GOSAT/FTSでは太陽反射光を用いる0.76 μm帯はSi PV型検出器，1.6 μmと2.0 μm帯はInGaAs PV型検出器を用いている。いずれの検出器も線形性が高く非線形補正は不要であるが，0.76 μm帯は高増幅率で観測するためアナログ回路の非線形性を補正している。

GOSATでは太陽天頂角30度の条件で地表面反射率30 %までは高増幅率で，砂漠などの明るい観測対象は中増幅率で観測する。0.76 μm帯のアナログ回路の非線形は回路単体で評価して補正係数を決定する。打ち上げ前には写真2.2の積分球の分光放射輝度が各波長帯の増幅率別の最大入射レベルになるようにランプ電圧を調整し，応答度を決定する。

地球放射領域は太陽反射領域（短波長赤外）と視野を同一にするため，検出器としては大受光面積である1 mm径の光導伝型水銀カドミウムテルル（PC-MCT）検出器を用いている。GOSAT開発当時は大受光面積のPV型水銀カドミウムテルル（MCT）検出器の製造性が悪く，PC型を後述する2次補正式（1），（2）を用いて補正している[25]。

GOSAT/FTSでは大気の吸収の影響が小さく地表面からの熱放射が支配的な窓領域に加えて，CO_2，CH_4自身からの220 K程度の対流圏上部の低温の熱放射も計測するため，広いダイナミックレンジでの線形性が要求される。GOSAT/FTSでは逆フーリエ変換を行う前に非線形性を含むすべての補正をインターフェログラムに対して行う。

PC型検出器は入射光量に比例して変化する抵抗値を測定するため，観測対象である変調成分（式（1）および図2.11 V_{AC}）に加え非変調成分（式（1）および図2.11 V_{DC}-$V_{DCoffset}(T)$）を軌道上で取得している。非変調成分は観測光と光学系と周囲からの背景放射であり，後者は放射率と温度のモデルから推定する。$V_{DCoffset}(T)$は入射光量がない時の増幅後のアンプ出力であり，検出器と電気回路の温度の関数である。検出器温度モニタ分解能0.7 K以下の変化および電気回路の温度依存の影響を補正するため，データ処理においては打ち上げからの時間および軌道位相の関数に置き換えて，深宇宙校正時のV_{DC}値から背景放射相当レベルを差し引いて補正処理をしている。$V_{DCoffset}(T)$値はCO_2，CH_4の分光放射輝度に対して敏感であり，長期変化は打ち上げからの日数の補正テーブルを用意している。打ち上げ前には真空チャンバー内で260 K，280 K，300 K，320 K，340 Kの黒体放射源による非線形性評価を実施し，最も非線形の影響が高い340 K黒体放射入力時のデータを用いて非線形補正係数a_{nlc}を決定し，打ち上げ後も一定としてアンプ出力V_{Pamp}に適用し，補正値$V_{NLcorrected}$を得る。

$$V_{Pamp}=(V_{DC}-V_{DCoffset}(T))+V_{AC} \quad (1)$$

$$V_{NLcorrected}=V_{Pamp}+a_{nlc}V_{Pamp}^2 \quad (2)$$

フーリエ分光器は線形な応答を前提とした観測方法であり，軌道上で得られたインターフェログラムレベルでY軸方向の干渉光強度，X軸の光路差をともに非線形補正した後，逆フーリエ変換を行う(図2.11)。検出器・アンプの非線形性以外の補正はGOSAT/FTS特有の補正であり詳細は文献25)を参照のこと。

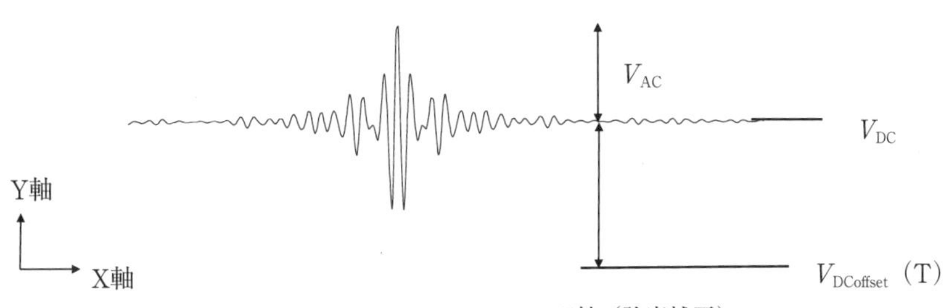

X軸（リサンプリング）
（1）FTS機構部走査速度不安定補正
（2）サンプリング不等間隔補正
（3）強度依存位相遅延補正
（4）衛星進行にともなうドップラーシフト補正（未補正）

Y軸（強度補正）
（1）強度変動（低周波成分）補正
（2）B1高増幅アンプ非線形補正
（3）飽和判定
（4）MCT検出器非線形補正
（5）AD変換非線形補正（未補正）

図2.11　インターフェログラム上の非線形補正

2.4　まとめ

衛星搭載センサの打ち上げ前地上校正のやり方は，太陽反射領域と地球放射領域とで大きく異なっている。太陽反射領域では分光放射輝度の実用標準として積分球が用いられるのに対して，地球放射領域では黒体放射源が用いられる。

積分球はそれ自身では分光放射輝度の絶対値を決定できないので，上位の標準に対して絶対校正が必要となる。放射量の一次標準には極低温放射計と定点黒体炉の2種類がある。積分球をどちらにトレーサブルにするかは選択である。黒体空洞放射源と比べて積分球はランプの点灯，消灯，ビーム光量の減衰率調整などの作業を機動的に行えるという利点があるので非線形性測定に簡便に使える。ダイナミックレンジ全体で線形性が確認されたセンサに対しては，積分球を使って通常ゼロレベル入力と高レベル入力の２点校正で応答度の絶対値を決定し，それを直線的に補外してダイナミックレンジ全体の入出力特性が得られる。

可視・近赤外域では分光放射照度標準電球が取り扱いやすく精度や安定性も満足できるものであったことから，積分球の校正に関してはこれまで世界の宇宙機関のほとんどが極低温放射計にトレーサブルにしてきた。一方日本は1990年代までに定点黒体炉の小型化に成功し[3]，可搬型の装置も市販されるようになって[13]，定点黒体炉へのトレーサビリティが容易になった。定点黒体はそれ自身で分光放射輝度の絶対値が決定できるため，図2.5と図2.6で校正の連鎖を比較して分かるように，校正経路は定点黒体炉の方がはるかに短くてすむ。そのために不確かさが入り込む要因が少なく，結果としてより高精度の校正が期待できる。

地球放射領域で使われる黒体空洞放射源はトレーサブルな温度計を用い，空洞の実効放射率をしかるべく評価すれば実用標準でも黒体放射が実現でき，それ自身で一定の不確かさで分光放射輝度の絶対値が決定できる。このため非線形性のある熱赤外検出器に対しても黒体放射源の温度を段階的に変化させることにより，ダイナミックレンジ全体に対してセンサの入出力特性を直接校正できる。なお積分球と比べると，黒体空洞放射源は通常温度を機動的に変えることは難しい。また空洞の温度を一定に制御したり，温度分布を一様にしたりするといった配慮が必要である。

最近リモートセンシングにフーリエ分光方式のセンサが多く用いられるようになってきた。広い波数範囲で分光放射輝度スペクトルが連続的に得られること，高い波数分解能があり細いスペクトル線の測定ができることから大気中の種々の気体成分の濃度計測に有効である。

フーリエ分光器はもともと有機化合物の同定のために発展してきた分光装置である。化合物に特有の赤外吸収などのスペクトルを測定し未知物質を同定する。そのとき最も重要なパラメータはフーリエスペクトルのいわゆる「横軸」といわれる波数の絶対値と分解能である。一方吸収率などいわゆる「縦軸」に関しては定量性が求められることはほとんどなく，定性的な情報で十分とされてきた。ところがフーリエ分光器を衛星に搭載して地球大気中の気体成分の定量分析を行うようになって，縦軸の重要性が新たに認識されるようになった。フーリエ分光方式のセンサの縦軸の定量性を上げていくことは，今もって技術的に難度の高い課題である。

2013年に打ち上げられたLandsat 8号には太陽反射領域と地球放射領域の２つの光学センサが搭載されている。どちらもバンドパスフィルター方式であるが，地上校正を含めて校正と特性評価の詳細がRemote Sensing誌の特集として発表されている[27]。

2009年に打ち上げられたGOSAT衛星には太陽反射領域におけるバンドパスフィルター方式のセンサ（雲・エアロソルセンサCAI）と，太陽反射領域と地球放射領域にまたがるフーリエ分光方式のセンサ（温室効果ガス観測センサFTS）の２つが搭載されている。GOSATの校正計画が発表されており，打ち上げ前地上校正に関して詳細な記述がなされている[28]。

地上校正によって決定されたセンサの諸特性はデータユーザに提供される。衛星の打ち上げ後軌道上においてこれらの諸特性に変化がないことを確認したり，変化があるとすればそれを検知して補正したりすることが行われる。そのための機上校正や代替校正，月校正はそれぞれ３章，４章，５章で述べる。

引用文献

１）J. A. Barsi, K. Lee, G. Kvaran, B. L. Markham and J. A. Pedelty：The spectral response of the Landsat-8 Operational Land Imager, Remote Sens., 6(10), pp. 10232-10251, 2014.
http://www.mdpi.com/2072-4292/6/10/10232(2019.12.2).

２）宇宙航空研究開発機構，積分球特性データベース
http://www.kenkai.jaxa.jp/research_fy27/sensor/sphere.html(2019.12.2).

３）佐久間史洋：放射温度計の標準目盛りの値付けとリモートセンシングへの応用，光学，26(12), pp. 657-664, 1997.
https://annex.jsap.or.jp/photonics/kogaku/public/26-12-kaisetsu3.pdf(2019.12.2).

４）田辺稔：光パワーメータの応答直線性校正の波長広帯域化に関する調査研究，産総研計量標準報告，8(3), pp. 349-365, 2011.
https://unit.aist.nmij.go.jp/public/report/bulletin/Vol8/3/V8N3P349.pdf(2019.12.2).

５）L. Ma and F. Sakuma：Nonlinearity characteristics of radiation thermometers, Proc. SICE Annual Conference 2003, pp. 447-452, 2003.

６）山口祐：黒体放射による熱力学温度測定に関する調査研究，産総研計量標準報告，8 (4)，pp. 423-440, 2013.
https://unit.aist.go.jp/nmij/public/report/bulletin/BOM/Vol8/4/V8N4P423.pdf(2019.12.2)

７）F. Sakuma and A. Ono：Radiometric calibration of the EOS ASTER instrument, Metrologia, 30, pp. 231-241, 1993.

８）A. Ono, F. Sakuma, K. Arai, Y. Yamaguchi, H. Fujisada, P. N. Slater, K. J. Thome, P. N. Palluconi and H. H. Kiefer：Pre-flight and in-flight calibration plan for ASTER, J. Atmos. Oceanic Technol., 13(2), pp. 321-335, 1996.

９）産業技術総合研究所計量標準総合センター：校正サービス（依頼試験），校正・試験手数料一覧.
https://unit.aist.go.jp/qualmanmet/metroqual/calibration/service/(2019.12.2).

10）B. Markham, J. Barsi, G. Kvaran, L. Ong, E. Kaita, S. Biggar, J. Czapla-Myers, N. Mishra and D. Helder：Landsat-8 Operational Land Imager radiometric calibration and stability, Remote Sens., 6 (12), pp. 12275-12308, 2014.
http://www.mdpi.com/2072-4292/6/12/12275(2018.11.7).

11）Y. Yamada, H. Sakate, F. Sakuma, and A. Ono: Radiometric observation of melting and freezing plateaus for a series of metal-carbon eutectic points in the range 1330 ℃ to 1950 ℃, Metrologia 36, pp. 207-209,

1999.

12）笹嶋尚彦：金属－炭素合金を利用した新しい高温定点，Netsu Sokutei, 36(2), pp. 83-90, 2009. http://www.netsu.org/JSCTANetsuSokutei/pdfs/36/36-2-83.pdf(2019.12.2).

13）K. Hiraka, Y. Yamada, J. Ishii, H. Oikawa, T. Shimizu, S. Kadoya and T. Kobayashi：Compact fixed-point blackbody furnace with improved temperature uniformity and multi-fixed points use, Proc. SICE Annual Conference 2012, pp. 35-39, 2012.

14）F. Sakuma, T. Bret-Dibat, H. Sakate, A. Ono, J. Perbos, J. M. Martinuzzi, K. Imaoka, H. Oaku, T. Moriyama, Y. Miyachi and Y. Tange：Polder-OCTS preflight cross-calibration experiment using round-robin radiometer, SPIE Proc., 2553, pp. 232-243, 1995.

15）F. Sakuma, B. C. Johnson, S. F. Biggar, J. J. Butler, J. W. Cooper, M. Hiramatsu and K. Suzuki：EOS AM-1 preflight radiometric measurement comparison using the Advanced Spaceborne Thermal Emission and Reflection radiometer (ASTER) visible/near infrared integrating sphere, SPIE Proc., 2820, pp. 184-196, 1996.

16）F. Sakuma, C. J. Bruegge, D. Rider, D. Brown, S. Geier, S. Kawakami and A. Kuze：OCO/GOSAT preflight cross-calibration experiment, IEEE T Geosci. Remote, 48(1), pp. 585-599, 2010.

17）A. Ono：Calculation of the directional emissivities of cavities by the Monte Carlo method, J. Opt. Soc. Am., 70(5), pp. 547-554, 1980.

18）R.E. Bedford：Calculation of Effective Emissivities of Cavity Sources of Thermal Radiation, Theory and Practice of Radiation Thermometry, ed. by D.P. Dewitt and G.D. Nutter, Chapter 12, pp. 653–772, Wiley Inc, New York, 1988.

19）J. Lucas：A simple geometrical model for calculation of the effective emissivity in blackbody cylindrical cavities, Int. J. Thermophys., 36(2), pp. 267–282, 2015.

20）D. C. Reuter, C. M. Richardson, F. A. Pellerano, J. R. Irons, R. G. Allen, M. Anderson, M. D. Jhabvala, A. W. Lunsfor, M. Montanaro, R. L. Smith, Z. Tesfaye and K. J. Thome：The Thermal Infrared Sensor (TIRS) on Landsat 8: Design overview and pre-launch characterization, Remote Sens., 7(1), pp. 1135-1153, 2015.

21）M. Montanaro, A. Lunsford, Z. Tesfaye and B. Wenny：Radiometric calibration methodology of the Landsat 8 Thermal Infrared Sensor, Remote Sens., 6(9), pp. 8803-8821, 2014. https://www.researchgate.net/publication/277675204_Radiometric_Calibration_Methodology_of_the_Landsat_8_ThermalInfrared_Sensor(2019.12.2).

22）L. Fielder, S. Newman and S. Bakan：Correction of detector nonlinearity in Fourier transform spectroscopy with a low-temperature blackbody, Appl. Opt., 44(25), pp. 5332-5340, 2005. https://www.researchgate.net/publication/7613367(2019.12.2).

23）L. Palchetti, G. Bianchini, U. Cortesi, E. Pascale and C. Lee：Assessment of detector nonlinearity in

Fourier transform spectroscopy, Appl. Spectrosc., 56(2), pp. 271-274, 2002.
https://www.researchgate.net/publication/232058095_Assessment_of_Detector_Nonlinearity_in_Fourier_Transform_Spectroscopy(2019.12.2).

24) L. Shao and P. R. Griffiths：Correcting nonlinear response of mercury cadmium telluride detectors in open path Fourier transform infrared spectrometry, Anal. Chem., 80(13), pp. 5219-5224, 2008.
http://staff.ustc.edu.cn/~lshao/papers/paper05.pdf(2019.12.2).

25) A. Kuze, H. Suto, K. Shiomi, T. Urabe, M. Nakajima, J. Yoshida, T. Kawashima, Y. Yamamoto, F. Kataoka and H. Buijs：Level 1 algorithms for TANSO on GOSAT: processing and on-orbit calibrations, Atmos. Meas. Tech., 5, pp.2447-2467, 2012.
http://www.atmos-meas-tech.net/5/2447/2012/amt-5-2447-2012.pdf(2019.12.2).

26) 岩田哲郎，小勝負純：赤外フーリエ分光法における光導電型MCT検出器の線形性補正，分光研究，46(3), pp. 112-117, 1997.
https://www.jstage.jst.go.jp/article/bunkou1951/46/3/46_3_112/_pdf(2019.12.2).

27) B. Markham, J. Storey and R. Morfitt：Landsat-8 sensor characterization and calibration, Remote Sens., 7(2), pp. 2279-2282, 2015.
https://www.mdpi.com/journal/remotesensing/special_issues/landsat8(2019.12.2).

28) 塩見慶，久世暁彦，川上修司，近藤豊：GOSATの校正計画，日本リモートセンシング学会誌，28(2), pp. 198-203, 2008.
https://www.jstage.jst.go.jp/article/rssj/28/2/28_2_198/_article/-char/ja/(2019.12.2).

3章　機上校正

衛星搭載光学センサは打ち上げ後軌道上において，地上とは異なる過酷な環境にさらされる。光学センサは軌道上で太陽の紫外線や宇宙放射線，衛星やセンサ自身が発するガスなどを受ける。これらが潜在的要因となって光学センサの特性は軌道上で通常時間とともに変化（劣化）する。信頼性の高い地球観測データをユーザに提供するにはセンサの特性を軌道上で継続的に監視することが欠かせない。そこで衛星に校正機器を搭載することによって，軌道上で光学センサの特性の変化を検知しそれを補正することが行われる。これを機上校正（onboard calibration）と呼ぶ。軌道上で最も大きな変化が予想されるのは光学センサの応答度である。

光学センサの応答度の機上校正には2つの方式がある。ひとつは反射率トレーサブルな校正であり，もうひとつは放射輝度トレーサブルな校正である。本稿では以後それぞれを反射率校正，放射輝度校正と呼ぶこととする。

軌道上においてセンサの校正データはバンドごとの応答度として得られるが，打ち上げ前に地上校正で得られた応答度に対する，軌道上で得られた応答度の比としてユーザに提供されるのが一般的である。この比を放射量校正係数（Radiometric Calibration Coefficient：RCC）と呼び，打ち上げ後にセンサの応答度が軌道上でどのように変化したか（劣化したか）を表す量である。

反射率校正では，反射率が打ち上げ前に国家標準にトレーサブルに校正された拡散反射板を衛星に搭載し，打ち上げ後軌道上で太陽光を直接照射する。そこからの反射光をセンサ開口部に導入して応答度を校正する。反射率校正は太陽反射領域でもっぱら使われる。

放射輝度校正では，放射輝度が打ち上げ前に国家標準にトレーサブルに校正された放射源を衛星に搭載し，打ち上げ後軌道上でそこからの放射をセンサ開口部に導入して応答度を校正する。放射源には太陽反射領域では通常ランプが用いられ，地球放射領域ではもっぱら面状黒体が用いられる。

3.1　太陽反射領域

リモートセンシング用の光学センサは通常陸域表面，海洋表面，大気など観測対象の分光放射輝度を計測するように設計されている。観測対象の物理量としては分光放射輝度とともに分光反射率も地球科学的に重要である。観測対象が太陽光に照射されているとき，その位置における太陽分光放射照度と観測対象の双方向反射率分布関数の積が観測対象の分光放射輝度になる。従って反射率校正結果と放射輝度校正結果とは，そのときの太陽分光放射照度を介して換算可能な関係にある。

地球の大気圏外における太陽分光放射照度はこれまでいろいろの機関が測定を行ってきたが，測定値にはおよそ2％の不確かさがある[1,2]。換算に伴ってこの不確かさが上乗せされることには注意が必要である。なおGOSATなどで大気圏外での太陽分光放射照度のデータが入手できるようになり，特に地球大気の吸収のため地上測定が難しかった短波長赤外域で太陽分光放射照度のデータ精度が改善されている[3]。

3.1.1　反射率トレーサブルな機上校正

反射率トレーサブルな校正では，双方向反射率分布関数があらかじめ国家標準にトレーサブルに校正されている白色拡散反射板を衛星に搭載する。軌道上で白色拡散反射板に太陽光を直接照射し，そこからの拡散反射光をセンサ開口に導入する。双方向反射率分布関数とセンサの応答とを関係付けることで，軌道上で反射率トレーサブルなセンサ応答度の校正が行える。このような白色拡散反射板を太陽拡散板（solar diffuser）と呼んでいる。

太陽反射板が本格的に用いられたセンサとしては，TerraとAquaに搭載されたMODIS（Moderate Resolution Imaging Spectroradiometer），Suomi NPP衛星に搭載されたVIIRS（Visible Infrared Imaging Radiometer Suite），Landsat 8号に搭載されたOLI（Operational Land Imager）およびGOSATに搭載されたFTSなどがある。以下に順次それらの事例を説明する。

(1)　Terra/MODISとVIIRSの事例

(a)　搭載校正機器

MODISとVIIRSは海洋観測を主目的とした中分解能光学センサである。それらに搭載された太陽拡散板の写真を**写真3.1**に示す[4]。太陽拡散板の表面は商品名でスペクトラロン（Spectralon）と呼ばれるフッ素系樹脂でできている。この材料は広い波長域で高い反射率を持ち，拡散性にも優れている。衛星に搭載する太陽拡散板の双方向反射率分布関数はあらかじめ地上でNISTトレーサブルに校正されている。

太陽拡散板を用いたMODISの軌道上での校正手順を模式的に**図3.1**に示す[5]。MODISは光学系の

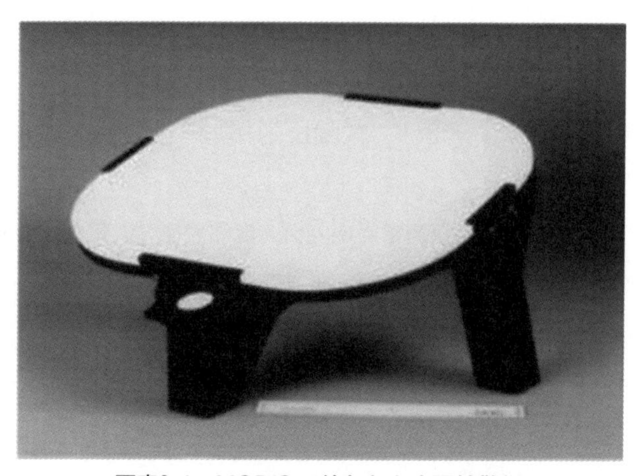

写真3.1　MODISで使われた太陽拡散板

最前部に走査鏡を持っており連続的に回転している。センサの光学系は地球方向の観測に続いて，深宇宙，搭載黒体，太陽拡散板の順に観測する。深宇宙の観測でゼロレベル入力の校正を行い，太陽拡散板で高レベル入力の校正を行って，反射率とセンサの応答度とを関連付け機上校正を行う。太陽拡散板の利点は，空間的に一様な校正光をセンサの開口全体に容易に導入できることであり，センサが地球を観測するときと同じ条件件が確保される。

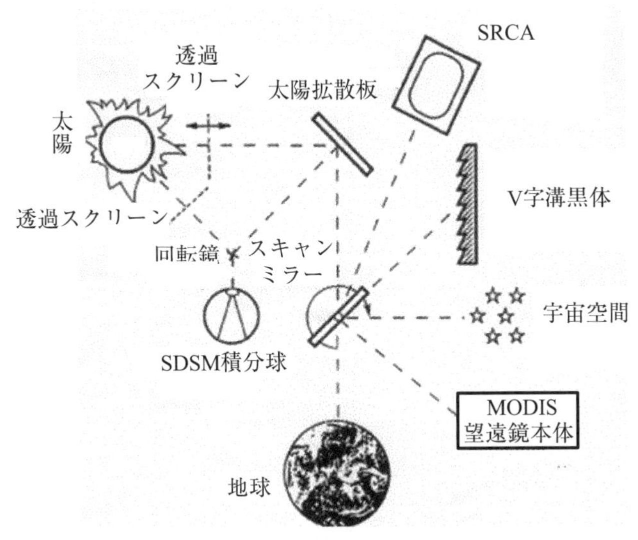

図3.1 MODISの機上校正手順の概略

MODISの波長校正，放射量校正，空間レジストレーション校正は，図3.1に示す分光放射校正装置(SRCA)によって行われる。放射量校正は太陽拡散板を使って行われる。校正のタイミングは衛星が北極あるいは南極上空にあり，かつ地球表面の明暗境界線付近の暗い方の場所で行われる。校正の頻度は運用計画によるが，例えばスキャンごと，衛星の周回ごと，あるいは1日ごとといった選択ができる。校正が高頻度に行われる場合には，太陽の紫外線や宇宙放射線などの影響で太陽拡散板の反射率が低下する恐れがある。そこでMODISとVIIRSでは太陽拡散板安定性モニター（SDSM）を同時に搭載して太陽拡散板の双方向反射率分布関数を定期的に軌道上で測定できるようにしている。図3.1に模式的に示すようにSDSMは小型積分球とその中にバンドパスフィルター付きの検出器を持っており，太陽拡散板からの反射光と太陽直達光とを交互に積分球に導入してその比を測定し，太陽拡散板の双方向反射率分布関数を測定できるようになっている[6)]。

(b) 校正の不確かさ

MODIS等の海洋観測を主目的にした中分解能光学センサに関しては，応答度の校正の不確かさに対して通常反射率では2％程度，放射輝度では5％程度が要求される。MODISにおける太陽拡散板を用いた反射率校正の不確かさの主要因には次のものがある。

・打ち上げ前に国家標準にトレーサブルに地上校正する未使用の太陽拡散板の双方向反射率分布関数
・太陽拡散板安定性モニターにより軌道上で測定する太陽拡散板の双方向反射率分布関数

MODISにおいて反射率校正で得られた応答度の不確かさはおよそ２％あるいはそれより小さいと推定されている[7]。

(c)　校正結果

太陽拡散板安定性モニターによる太陽拡散板の反射率測定の結果を見ると，TerraとAquaの２つのMODISおよびVIIRSにおいては極めて類似した傾向がみられる[8]。３つのセンサのいずれについても，太陽拡散板の反射率の低下の程度は太陽拡散板を太陽光にさらした合計時間（積算照射時間）でほぼ決まるという結果が得られている。また反射率の低下の程度は波長に強く依存している。波長413 nmのバンドでは250 時間の積算照射時間で反射率はほぼ50 %低下する。同じ積算照射時間で630 nmのバンドでは反射率の低下は25 %程度，850 nmより長波長のバンドでの低下は２％～３％程度とわずかである。

上記の太陽拡散板の反射率の低下分を補正した上で，光学センサ自身の反射率校正が行われる。例えばAqua MODISの可視域バンドの応答度の反射率校正結果は，打ち上げ後10年の時点で中心波長413 nmのバンドで50 %程度低下している[9]。波長が長くなるにつれて低下の程度は急速に減少し，中心波長が530 nmより長いバンドになると応答度の低下は同時期で３％以下とごくわずかになる。

VIIRSでも同様な手法でセンサ応答度の機上校正が行われているが，センサ応答度の低下の程度やその波長依存性はAqua MODISとは全く様相が異なる[5]。センサの光学系の劣化の要因ないしメカニズムが衛星やセンサごとに異なるためと考えられる。

(2)　Landsat 8号/OLIの事例

(a)　搭載校正機器

米国のLandsat 8号に搭載されたOLIは陸域観測を主目的にした高分解能光学センサである。OLIには機上校正用の太陽拡散板が搭載されているが，MODISとは異なる運用方式を取っている[10]。OLIはプッシュブルーム方式の走査を採用しているためMODISのような回転走査鏡を持たない。そこで機上校正時に太陽拡散板をセンサ前方の観測光路上に挿入する。そして軌道上で衛星の姿勢を回転させて太陽直達光を太陽拡散板に当てている。太陽直達光の太陽拡散板への入射角および光学センサへの反射角はいずれも45度としている。なお太陽拡散板からの拡散反射光は開口全体をカバーする形でセンサに導入される。

頻度の高い機上校正を行うと太陽光に長時間さらされるために太陽拡散板の反射率が低下する可能性が高いことはMODISの経験で明らかになっている。そこでOLIでは同じ仕様の太陽拡散板を２枚搭載し，１枚は高頻度で（例えば１週間に一度）定常的な校正に用い，他の１枚は半年に１回という低頻度で校正に用いる。低頻度使用の太陽拡散板では反射率の低下が十分小さいと見なして，２つの太陽拡散板に対するセンサ応答の比から高頻度使用のものの反射率の低下分を評価する。なおこのようにしてOLIはSDSMを搭載していない。太陽拡散板を用いたこのような機上校正方式は日本のGOSAT衛星のFTSでも採用されている[11,12]。

(b)　校正の不確かさ

OLIの太陽拡散板を用いた反射率校正の不確かさの主要因には，次のものがある。

・打ち上げ前に国家標準にトレーサブルに地上校正する未使用の太陽拡散板の双方向反射率分布関数
・低頻度使用の太陽拡散板の軌道上での双方向反射率分布関数
・低頻度使用の太陽拡散板との比較によって得られる高頻度使用の太陽拡散板の軌道上での双方向反射率分布関数

これらの不確かさの要因を考慮した反射率校正の不確かさは1 σでおよそ2％と推定されている[10]。

(c)　校正結果

太陽拡散板の反射率の低下を補正した上で，軌道上でのOLIの応答度が校正される。こうして得られたOLIの応答度の軌道上での時間的変化は極めて小さいことが報告されている[10]。それは打ち上げ後1年半の間で可視・近赤外域のどの波長帯でも0.5％以内という良好な安定性である。

(3)　GOSAT/FTSの事例

GOSAT/FTSはフーリエ分光器の多重化の長所を活用し，波長領域が近赤外域（0.76 μm）から熱赤外域（16 μm）までをカバーする。FTSは太陽反射領域での校正用に太陽拡散板を搭載している。図3.2にGOSAT/FTSの校正光・ポインティング機構部・FTS機構部・検出器光学系の配置を示す。FTS機構部で変調した観測光はビームスプリッタで各波長帯に，さらに太陽反射光を観測する3波長帯は偏光ビームスプリッタで2直線偏光に分離し，検出器の前でバンドパスフィルターにより波長帯を絞り，7つの検出器で7つのインターフェログラムを同時取得する。太陽反射領域も後述する地球放射領域も光学系から検出器までセンサ全体の応答度評価が可能なように，校正光は光学系最前部からセンサ開口全体に導入している。太陽直達光の太陽拡散板からの反射成分，深宇宙視野などの校正光は2軸のポインティング機構を介してFTS本体光学系へ導入する。2軸を有するため，主従2式のポインティング機構はいずれからも同じ校正光を導入できる。なお主系のポインティング機構は2014年9月に静定精度が悪くなったため，2015年1月より従系を使用しているが，校正に不連続は生じていない。また従系は指向性・静定精度ともに主系よりも優れる。

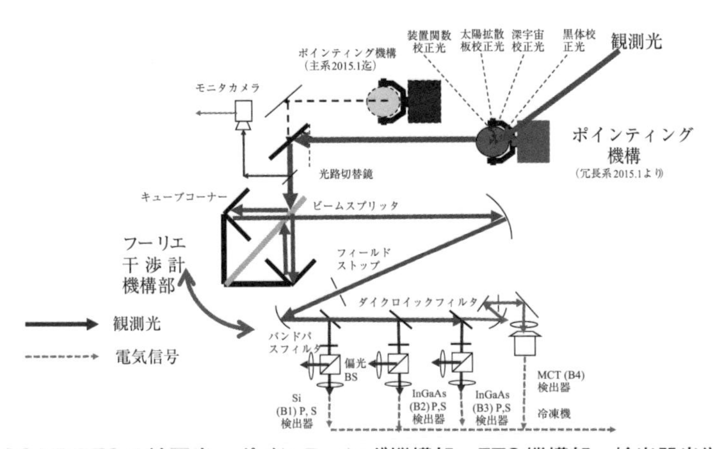

図3.2　GOSAT/FTSの校正光・ポインティング機構部，FTS機構部，検出器光学系の配置

GOSAT/CAIは補助センサであり機上校正機能を有さないため，代替校正を用いて評価する。

太陽拡散板には衛星搭載仕様のスペクトラロンを使用し，軌道上ではその両面を用いる。製造後パージ保管して打ち上げ直前にFTSに組み込んだ。GOSATは太陽同期軌道であるが，太陽拡散板への太陽光の入射角は季節により若干変動する。スペクトラロンは完全拡散面ではないため，打ち上げ直後に衛星を地心軸に回転させて，校正光強度の入射角依存データを補正パラメータとしてあらかじめ取得し，その後の運用においては季節変化および太陽・地球間距離の変動を補正している。

軌道上では太陽拡散板の表面は常時宇宙空間に暴露され，北極上空通過ごとに校正光がセンサ本体に導入される。一般にスペクトラロンは，軌道上では特に短波長で暴露時間に依存した反射率の劣化が報告されていたため，GOSATでは毎月１回，１周回の日照を利用して，軌道上で太陽拡散板を機械的に180度回転させ裏面からの反射光を校正光として導入している。FTSで測定した表面と裏面の校正光強度の比を各バンド，２直線偏光別に，時間の関数として**図3.3**に示す。図中に示す縦線は年１度実施している代替校正キャンペーンの時期を示す。裏面の太陽光への暴露時間は表面に対して十分短いので劣化はないと仮定すると，図に示すように0.76 μm帯では打ち上げ後２年間で反射率は急速に劣化し，その後緩やかに劣化している。太陽拡散板の表面の反射率劣化の速度はFTS本体の応答度の劣化速度よりも早いため，表面のデータは校正には使用していない。なお1.6 μmと2.0 μmの劣化は小さい。

図3.4に太陽拡散板の裏面を用いた打ち上げ後からのバンドごとの相対的な応答度の変化を示す。0.76 μmの劣化は大きいが1.6 μmと2.0 μmの劣化は小さい。季節変化が残っており，拡散板への入射角の季節変化の補正が不完全であると考えている。また0.76 μmのFTS自身の劣化は太陽拡散板表面の劣化よりも小さいことがわかる。

フーリエ分光器は，光学系の劣化に加え，干渉の効率の指標である変調効率が熱・機械環境に敏感であるため，打ち上げの過程で応答度が変化する可能性がある。従って打ち上げ直後の応答度は５章

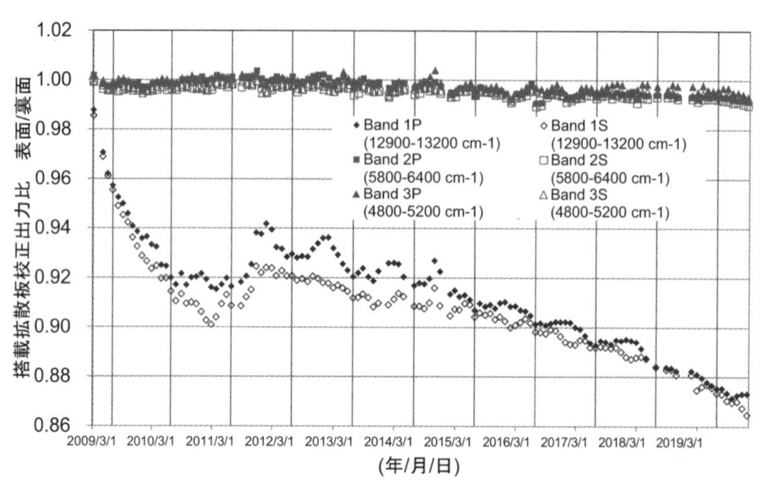

図3.3　GOSAT/FTS打ち上げ以降の太陽拡散板の表面（常時暴露）と裏面（月１回暴露）のバンド別・２直線偏光別反射率の比。(a)縦線は年一度のペースで実施している代替校正の時期を示す

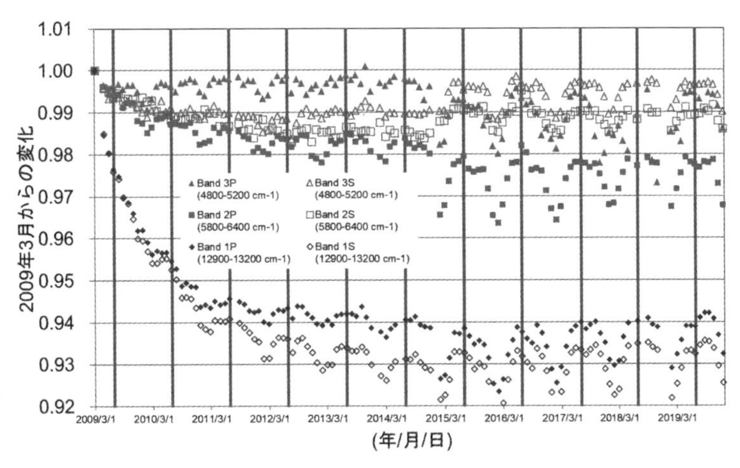

図3.4　太陽拡散板の裏面を利用して校正したGOSAT/FTSのバンド別・2直線偏光別応答度の変化（縦線は年一度のペースで実施している代替校正の時期を示す）

で述べる代替校正で評価し，その後の応答度の相対的な変化を毎月太陽拡散板でモニターする[11,12]。

GOSAT/FTSは近・短波長赤外領域を世界最高の波数分解能で大気圏外の太陽放射照度の分光データを取得し，太陽放射照度データの更新にも貢献している[3]。

3.1.2　放射輝度トレーサブルな機上校正

放射輝度にトレーサブルな機上校正では，分光放射輝度が打ち上げ前に地上で測定されている放射源を衛星に搭載する。放射源としては通常ランプが用いられ，ランプからの校正光がセンサ開口に導入される。打ち上げ前に地上でランプの実効的な分光放射輝度とセンサの応答を関係付けておく。また別途国家標準にトレーサブルな積分球に対してセンサの応答度を校正しておくことで，両者の応答の比からランプ校正光の実効的な放射輝度が決められる。

機上校正用に搭載する放射源には通常ハロゲンランプが用いられる。ランプからの光を直接あるいは校正光学系を通してセンサの開口に導入する。ランプを搭載している光学センサには，日本のASTERの可視・近赤外放射計（VNIR）と短波長赤外放射計（SWIR），フランスのSPOT衛星搭載の光学センサ，米国のLandsat 8号搭載の光学センサなどがある。以下にそれぞれのセンサの放射輝度校正について述べる。

(1)　ASTER/VNIRとSWIRの事例

ASTERはTerra衛星に搭載されて1999年12月に打ち上げられた日本の高分解能光学センサである。太陽反射領域では可視・近赤外放射計（VNIR）と短波長赤外放射計（SWIR）の2つの独立したセンサからなる。

(a)　搭載校正機器

ASTER/VNIRとSWIRには機上校正用にハロゲンランプが搭載されている[13]。図3.5にASTER/VNIRの機上校正システムを示す。A系とB系の2つの冗長校正系からなる。ランプからの光は校正光学系を通し，折り返し鏡によってセンサ前方から開口に導入される。ランプおよび校正光

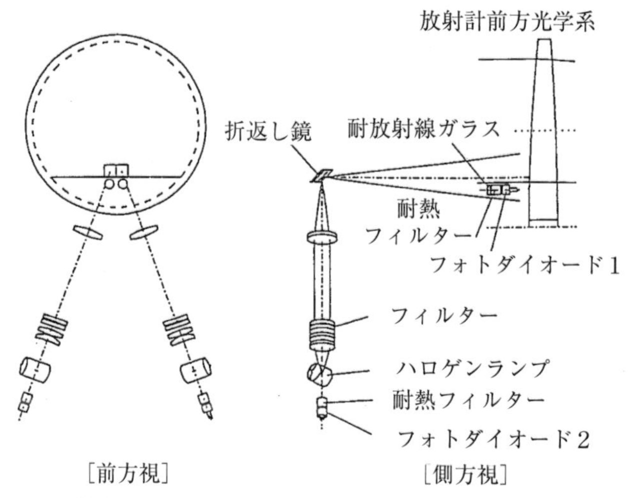

図3.5　ASTER/VNIRの機上校正システムの概略

の光強度をモニターするためにシリコンフォトダイオード検出器を2か所に置いている。フォトダイオードPD 1をセンサ開口の直前に置き，校正光強度をモニターする。またフォトダイオードPD 2をランプの後方に置きランプ点灯時の光強度をモニターする。

図3.6にASTER/SWIRの機上校正システムを示すが，VNIRと同様にA系とB系の2つの冗長校正系からなる。SWIRはポインティングミラーを持ち，ミラーに関して地球直下方向とは逆の方向にハロゲンランプが2個設置されている。ランプからの光はポインティングミラーを回転させることで，校正光学系を用いずに直接センサ開口に導入される。またランプの状態をモニターするために，A系，B系それぞれシリコンフォトダイオード検出器（PD）が1個ずつランプの後方に設置されている

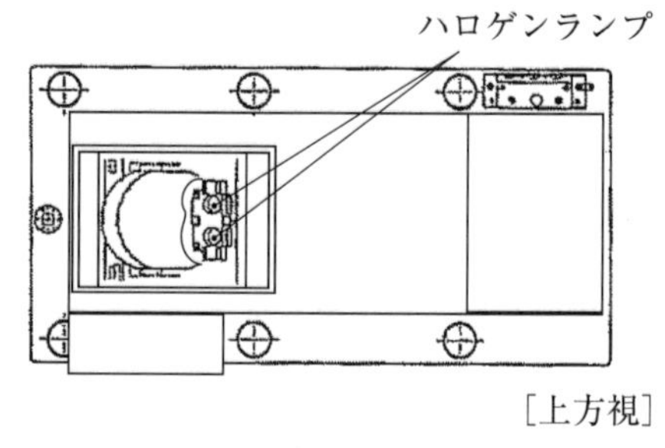

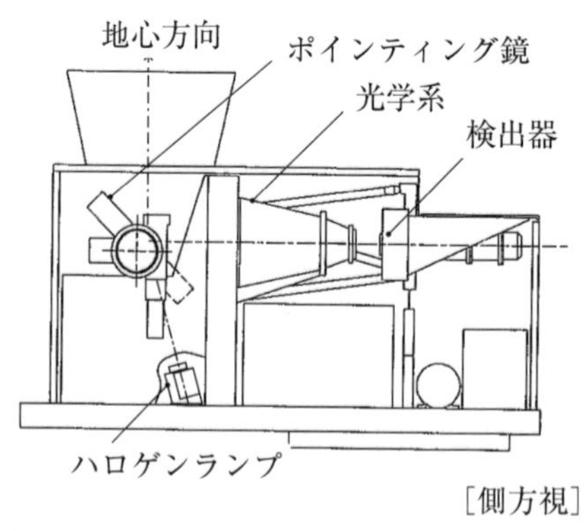

図3.6　ASTER/SWIRの機上校正システムの概略

一般にランプを用いた機上校正では，ランプからの光はセンサの開口光学系の前方から導入される。その場合，校正に使われる光がセンサの開口全体をカバーすることは難しい。すなわちランプからの光のうち検出素子に到達して校正に使われる光は，センサの開口光学系のごく一部を通過したものだけとなる。従って校正光の通過した部分の光学系の透過率や反射率の変化は詳細に検知できるが，それが開口全体を代表しているかどうか（校正の代表性）には不確かさが残る。すなわち開口光学系の汚染や劣化が空間的に一様でなくムラがある場合，校正の代表性は悪くなり校正結果の不確かさは増大す

る。

軌道上でランプを点灯する頻度は運用計画によるが，通常衛星の回帰日数ごと，あるいは1ヶ月ごとといった程度である。打ち上げ前に地上であらかじめランプを点灯した時のセンサ素子の応答は測定されているので，このデータで軌道上でランプを点灯した時のセンサ素子の応答を正規化することで，軌道上での素子ごとの応答度の変化が得られる。

(b) 校正の不確かさ

ASTERなど陸域観測用の高分解能光学センサに対しては，応答度の校正の不確かさに対して通常5％程度が要求される。

ASTER/VNIRの機上校正の不確かさの要因と不確かさを1 σで**表3.1**に列挙した。主たる不確かさの要因としては，まず打ち上げ前に行われる地上校正の不確かさがあり1.6％と見積もられている[12)]。次に軌道上での不確かさの要因として，ハロゲンランプを無重力中で点灯する時のランプ輝度の変化がある。これをランプの重力シフト（gravity shift）と呼んでいる。地上の1 G状態から無重力状態に移行するとランプ内の気体の対流効果が失われ，フィラメントの温度が上昇する結果，ランプの放射輝度が増加すると考えられている。放射輝度の増加は2％程度と考えられており，その値をそのまま不確かさに計上している。

表3.1 ASTER/VNIRの機上校正における不確かさのバジェット表

	不確かさの要因	不確かさ
地上校正	小合計	1.60％
軌道上校正	ランプモニターの長期安定性	1.00％
	ランプ輝度の重力シフト	2.00％
	全開口と部分開口の差	X％
	校正光学系の劣化	Y％
	その他	0.60％
	小合計 （X, Yは除く）	2.30％
合計	二乗和の平方根（RSS）	2.80％

センサの開口光学系の汚染や劣化状態は個々のセンサや衛星の条件によって異なることが予想される。開口全体の汚染と校正光の通る部分の汚染との違い（校正の代表性）による不確かさは表3.1では未知量X％としている。これはXの値を機上校正システム自体で決めることはできないからである。そこで代替校正などその他の校正結果と合理的に整合するようにXの値を推定する方法が開発されている。この方法についての詳細は6章で述べる。

ASTER/VNIRではランプからの光をセンサに導入するために校正光学系を用いている。この場合には，校正光学系自体の劣化による透過率や反射率の低下も不確かさの要因となりうる。しかしながらこれらを切り出して単独で評価することはできないので，表3.1では不確かさを未知量Y％としている。Yの値は前述のXの値と同様の方法で推定が行われる。なお表3.1の最下部2行の小合計と合計はXとYの値を含まない値である。

ASTER/SWIRに関しても機上校正の不確かさ評価はVNIRと同様の方法で行われている[12]。なおSWIRには校正光学系がないので，Yの値はゼロとしてよい。

(c)　VNIRの校正結果[14,15]

軌道上でVNIRのA系およびB系のランプをそれぞれ別個に点灯した時のフォトダイオードPD 1とPD 2の出力を図3.7に示す。図の縦軸は，地上点灯時のフォトダイオードの出力で正規化した軌道上点灯時のフォトダイオードの出力の変化を示す。PD 2の出力は打ち上げ直後にA系とB系とで異なる方向にシフトしたが，打ち上げ後およそ500日で両者は良い一致を示している。地上点灯時に比べて2％強出力が増加しているのは重力シフトの効果と考えられる。およそ13年間にわたり軌道上でのPD 2の出力はA系もB系もそれぞれ1％以内で安定している。このことは点灯時のランプの光強度の安定性が良好であることを示している。なおPD 1の出力は打ち上げ後急速に低下し，300日程度でダイナミックレンジから外れた。おそらくフォトダイオードPD 1の表面が何らかの原因で汚染され，透過率が急速に低下したものと推測される。

図3.8は打ち上げ直後から16年間に渡って機上校正で得られたVNIR各バンドの応答度を示す。各バンドの応答度はそれぞれ約4,000素子の応答度の平均値であり，また軌道上の応答度は打ち上げ前の地上校正（1996年）の応答度に対して正規化されている。応答度の変化は短い波長のバンドほど大きく，長波長のバンドほど小さいという傾向を示している。バンド1（中心波長560 nm）の応答度は6,000日経過後に30％低下している。それに対してバンド2（中心波長660 nm）およびバンド3（中心波長810 nm）の応答度はそれぞれ25％，20％と低下の割合は減少する。

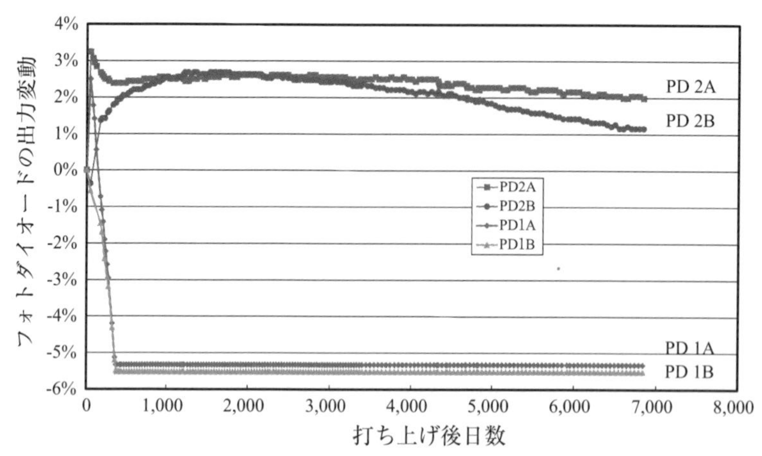

図3.7　ASTER/VNIRの機上ランプのフォトダイオードによるモニター。ダイオードの出力が，打ち上げ前地上校正のときの出力との比で示されている

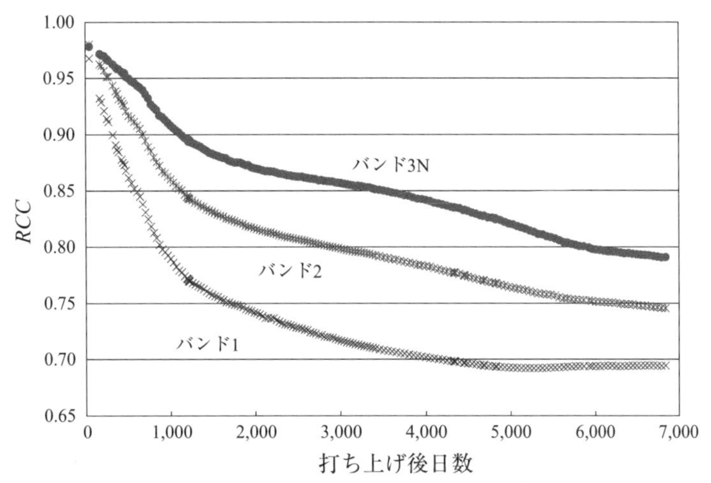

図3.8　ASTER/VNIRのバンド1，2，3の応答度の時間変化。それぞれ図中で下位，中位，上位のカーブに相当する。応答度は打ち上げ前校正のときを1として正規化してある

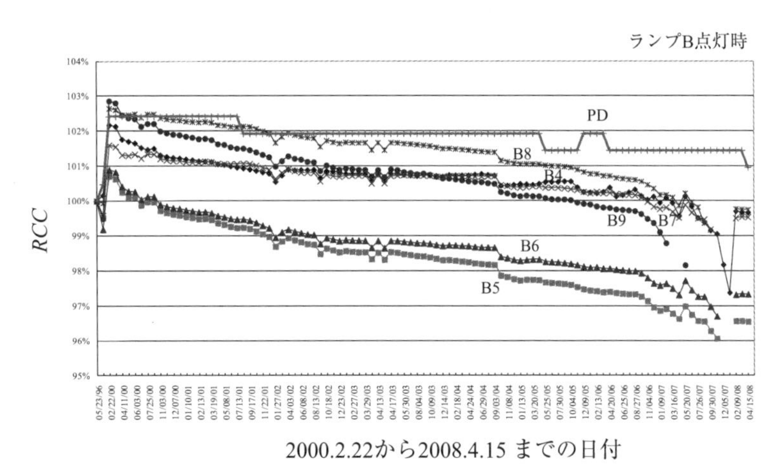

図3.9　ASTER/SWIRに関して，ランプBをモニターするフォトダイオードの出力の時間変化（図中の最上位のカーブ），及びバンド4から9までの応答度の時間変化（図中の他のカーブ）。応答度は打ち上げ前校正を1として正規化されている

(d)　SWIRの校正結果[14,15]

SWIRに関して図3.9にB系のランプを点灯した場合のフォトダイオードの出力が図の一番上にあるライン（PD）で示されている。打ち上げ直後の重力シフトと考えられる出力の上昇はVNIRと同様に2％程度観測されているが，その後のフォトダイオードの出力はよく安定している。打ち上げ直後の2000年初めから2007年までの7年間で出力の変化は1.5％程度と安定性は良好である。なおA系のランプを点灯した時のフォトダイオードの出力の安定性も同様に良好である。

図3.9にはランプ点灯によるSWIR各バンドの応答度の機上校正結果も軌道上での7年間に渡って示してある。各バンドの応答度はそれぞれ約2,000素子の応答度の平均値である。7年間にわたる応答度の変化はバンドごとに異なるが，大きいもので5％，小さいもので2％程度であり，総体的に応答度の低下はVNIRに比べてはるかに小さい。バンドごとの応答度に時間的に小さな飛びがあるの

は，その時点でSWIRの検出器の冷却温度を変えている影響が現れているものである。

⑵ SPOT/HRV，HRVIRおよびVegetationの事例

1986年の第1号の打ち上げから始まって現在に至るまでフランスのSPOT衛星ファミリーには高分解能光学センサ（HRVおよびHRVIR）が搭載され，SPOT 4号からは中分解能光学センサ（Vegetation）が追加されている。これらのセンサは継続的にランプによる機上校正を行っている。一方でSPOT衛星ファミリーでは軌道上でいろいろな方法の代替校正が試みられており，センサ応答度の校正ではむしろそれらの代替校正を有力な手段と見なしている。しかしながらランプによる機上校正は代替校正では得られないような校正データが容易に得られること，特に打ち上げ直後の機器の状態を時々刻々とモニターできることが有利な点と評価されて活用されている。またSPOT衛星ファミリーの光学センサでの様々な経験から，搭載ランプは極めて安定であると認識されている。

⑶ Landsat 8号/OLIの事例

Landsat 8号のOLIは2.1.2で述べたように太陽拡散板を搭載して機上校正しているが，それと同時に，ランプも搭載している[10)]。OLIにおいては搭載ランプを刺激ランプ（Stimulation Lamp）と呼んでいる。センサの光学系の最前部に開口絞りがあるが，その後ろ側に2か所，地球観測光を遮らない形でランプ光源部があり，センサの光学系に光を導入している。それぞれのランプ光源部は運用方式の異なる3種類のランプからなっている。毎日点灯する高頻度ランプ，1ヶ月に2回点灯する中頻度ランプ，年に2回点灯する低頻度ランプである。OLIではランプを刺激ランプと呼んでいるように，ランプ校正を正規の機上校正手段とは位置付けておらず，機上校正は別途太陽拡散板で行っている。ところがランプ校正で得られたOLIの応答度の時間変化は，太陽拡散板で得られたものと非常によく一致している。

3.2　地球放射領域

熱赤外域における衛星搭載光学センサの機上校正は，現在もっぱら搭載黒体を用いた放射輝度校正が行われている。高レベル入力の校正は，センサに一定温度の搭載黒体を見させることによって行われる。低レベル入力の校正は通常センサに深宇宙を見させることでゼロ点校正を行う。ただしセンサの構造や衛星上の機器配置の関係で深宇宙校正が難しい場合には，軌道上で搭載黒体を一定の範囲で温度変化させることでセンサの放射輝度特性を把握し，それを基に補外によりダイナミックレンジ全体を校正することが行われる。

3.2.1　搭載校正機器とその評価，運用

⑴ 搭載黒体

熱赤外域の光学センサの機上校正には面状黒体が用いられることが多い。センサの最前部にある回転走査鏡やポインティングミラーにより，光学センサが搭載黒体を定期的に観測するような設計がな

写真3.2　MODISの機上黒体の写真

される。面状黒体は広い面積で一様な放射輝度が得やすいので，センサの開口全体に対して容易に校正が行える。高い校正精度を確保するための要件は，搭載黒体の温度を測る温度計を国家標準にトレーサブルに校正しておくこと，搭載黒体全体に渡って十分に一様な温度に保持すること，搭載黒体の実効放射率を高く設計することである。搭載黒体自体は温度を制御せずに周囲環境の中に放置しておくこともあれば，ヒーターやクーラーで制御することもある。**写真3.2**はMODISに搭載された搭載黒体の写真を示す[16)]。V字型の溝が表面に掘られ，放射率の高いコーティングが施されている。

⑵　深宇宙校正

宇宙には多くの星が光っているが，熱赤外センサにとっては十分に暗いと見なせる。従って月と太陽を避けて深宇宙を観測することにより十分に精度の良いゼロ点校正ができる。ほとんどの熱赤外域センサが深宇宙観測用のポートを設けて，ゼロ点校正を行っている。

⑶　搭載黒体の評価

熱赤外域の光学センサは通常打ち上げ前に地上の熱真空試験装置の中で各種の試験が行われる。そのときに実効放射率が1に十分近い黒体空洞放射源を基準として搭載黒体の放射輝度の評価が行われる。具体的には黒体空洞の観測時に搭載黒体を同時に起動させ，いくつかの代表的な温度レベルで両者の放射輝度を光学センサ自身で比較する。こうして黒体空洞の放射輝度に対して搭載黒体の放射輝度を関係付けて校正することができる。

⑷　搭載黒体の運用

搭載黒体によるセンサの校正頻度は運用計画によって決められるが，一般に熱赤外域センサはそれ自体の温度が変化したり周囲温度が変動したりすることによってゼロ点がシフトしやすい。観測要求精度との兼ね合いであるが，走査鏡のスキャンごと，衛星の周回ごと，あるいはセンサの観測時間帯の直前と直後に校正をするなど精度要求に応じて工夫がなされる。

⑸　校正の不確かさ

搭載黒体を用いた機上校正の不確かさの主要因としては次のものが挙げられる。

・地上校正における基準の黒体空洞の温度，温度分布および実効放射率

・地上校正における搭載黒体の放射輝度校正

・軌道上における搭載黒体の温度と温度分布

・軌道上における搭載黒体の実効放射率

・軌道上における搭載黒体の周囲環境温度

・深宇宙校正

これらの要因の評価を行って，通常温度でいっておおよそ1℃以内の不確かさで機上校正が可能である。

3.2.2　ASTER/TIRの事例

(1)　搭載黒体の運用

ASTERの熱赤外放射計（TIR）とその搭載黒体を模式的に図3.10に示す[13]。ポインティングミラーを回転させて，センサに搭載黒体を観測させる。ASTER/TIRの機上校正モードは2つある。1つ目は短期校正で，搭載黒体の温度を270 Kに制御して高頻度で校正する。2つ目は長期校正で，搭載黒体に設置したヒーターを作動させ，およそ35分かけて270 Kから340 Kまで70 Kの温度範囲で温度を変化させて低頻度で機上校正を行う。ASTER/TIRの場合は深宇宙校正を行わない。

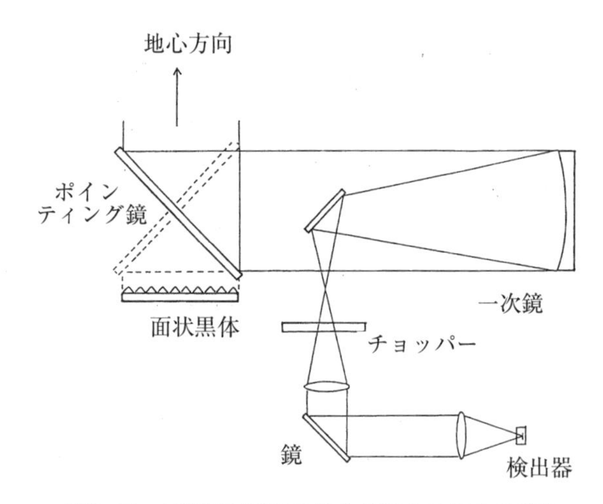

図3.10　ASTER/TIRの機上校正システムの概略

ASTERでは短期校正は観測時間帯の直前，長期校正は月に1回程度行われている。

(2)　校正の不確かさ

ASTER/TIRの場合1 σの不確かさを観測温度ごとに次のように推定している[12]。200 Kで3.0 K，240 Kで1.2 K，270 Kで0.8 K，300 Kで0.7 K，340 Kで1.0 K，370 Kで1.1 K。TIRの不確かさが最も小さい温度域は270 Kから300 Kである。その理由は短期校正によって270 Kで頻繁に校正ができること，長期校正の校正温度範囲内にあること，周囲温度の変動の影響を受けにくいことである。校正温度範囲から遠ざかるにつれて校正の不確かさは増大する。その理由は，TIRの放射輝度目盛を校正温度範囲内で決定し，それを校正温度範囲外に補外するからである。

(3)　校正結果

熱赤外域センサの軌道上での応答度の変化（劣化）の様相はセンサによって異なっている。例えばTerra MODISの軌道上での応答度の変化は文献17)を参照されたい。

ASTER/TIRの軌道上での応答度の変化を図3.11に示す[14,15]。TIRには5つのバンドがあるが，どのバンドの応答度も打ち上げ直後は時間に対して指数関数的に低下した。その後応答度の低下は止むことなく，むしろ時間とともに加速しているようにも見える。バンドの中心波長と応答度の低下の割合に関しては明確な対応関係はみられない。応答度が最も大きく低下したバンド12では，打ち上げ後5,000日の時点で約50 %低下している。他のバンドも概ね20 %から30 %の低下を示している。

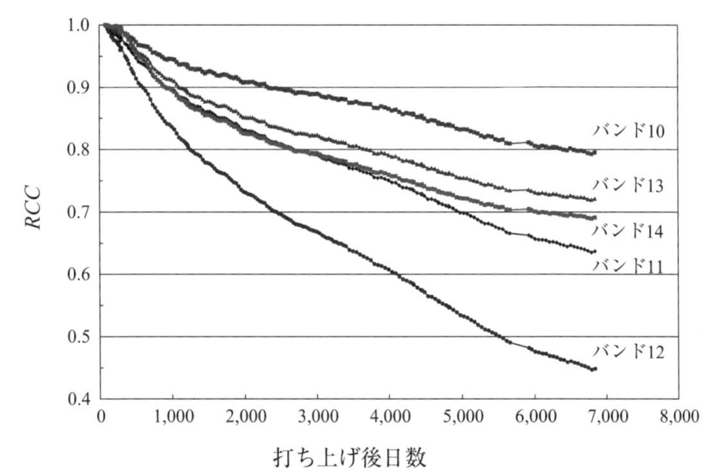

図3.11　ASTER/TIRのバンド10から14までの応答度の時間変化

ASTER/TIRはもともとTerra衛星上での機器配置の制約から，定期的な深宇宙校正は行わない設計になっている。一方Terraに関して月校正の重要性が指摘されるようになり，これまで2003年と2017年の2回Terra全体の姿勢変更を行い，センサの視線ベクトルを地心から深宇宙を経由して月を指向させた。この機会にASTER/TIRには深宇宙校正を行う機会が与えられた。

深宇宙校正結果を用いて，長期校正から得られる二次式の目盛が低温域でどれだけ信頼できるかを調査した。深宇宙校正ではゼロ入力に対する出力1点だけしか得られないので，これと270 Kの黒体入力に対する出力とを図3.12で直線で結ぶ深宇宙目盛を設定し，これと長期校正で得られる目盛との

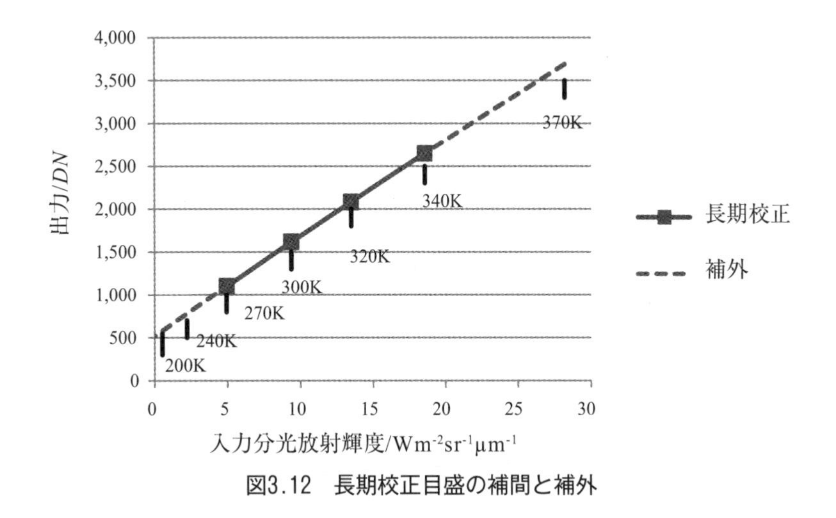

図3.12　長期校正目盛の補間と補外

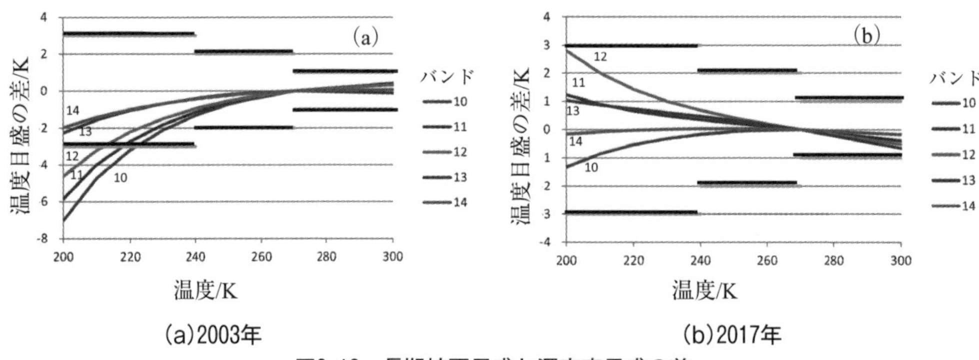

(a)2003年　(b)2017年

図3.13　長期校正目盛と深宇宙目盛の差

差を計算した。図3.13（a）が2003年の場合，図3.13（b）が2017年の場合の差であり，横軸が輝度温度，縦軸が２つの目盛の温度差である。太い横線はk＝１の不確かさの仕様値であり，270 K～340 Kで１ K，240 K～270 Kおよび340 K～370 Kで２ K，240 K～270 Kで３ Kである。５つの曲線は各バンドの10素子の平均であり，2003年の場合，バンド10から12の３つのバンドで220 K以下の輝度温度で差が仕様値より大きくなっているが，それ以外はすべて仕様値に入っている。2017年の場合はいずれのバンドもすべて仕様値に入っている。このように220 K以下では若干仕様値をはみ出すバンドもあるが，220 K以上では二次式の目盛が十分信用できることが確認された。

なお，朝木等は南極のドームＣ付近の低輝度地を対象としたASTER-MODIS相互校正の解析を行っており，その結果は今回の深宇宙校正結果とよく一致していた[18)]。

3.2.3　GOSAT/FTSの事例

GOSAT/FTSはフーリエ分光器の多重化の長所を活かして近赤外領域（0.76 μm）から熱赤外領域（16 μm）まで広い波長領域をカバーする。

⑴　搭載黒体

地球放射領域でFTSは，表面上に細かなピラミッド状の凹凸構造を持つアルミ板に黒色陽極酸化処理を施したものを搭載黒体として用いている。背景温度と黒体温度の差を低減し実効放射率を上げるため，搭載黒体は温度制御をせずに環境に放置し，その温度をモニターするのみとしている。

⑵　校正の不確かさ

FTSの熱赤外領域における主な誤差要因は，検出器の非線形補正誤差とポインティング機構とフーリエ干渉計の偏光の補正誤差，周回中の背景温度の変動であり，これらは搭載黒体自身に起因する誤差よりも大きい。搭載黒体起因の誤差を低減させるためには，黒体の面内温度均一度と温度測定精度を上げるとともに背景光の黒体表面での反射を低減させるため，表面溝角度，表面処理の鏡面性などを考慮した設計が必要である。

⑶　搭載黒体の運用

軌道上での校正は主に軌道周回中の光学系背景からの放射の変動と，冷凍機で冷却している検出器の微小な温度変動を補正する。このため校正の頻度は高い方が望ましいが，一方で，太陽反射領域では黒体校正は不要なため，地球周回中日照域では２回，日陰域では４回黒体・深宇宙校正を行っている。また特定緯度での観測値が欠損することを避けるため，校正を行う際の緯度をいろいろ変化させるように校正計画を作成する。

FTS特有の事象として，２軸のポインティング機構に取り付けた銀ミラーは0.76 μmから2.0 μmで高反射となるコーティングを施しているため，熱赤外波長域では反射率が低下するとともに偏光別反射率差が大きい。一方図3.2に示すフーリエ分光器機構部に用いられているZnSeのビームスプリッタは広い波長範囲で効率的な透過と反射を実現するためコーティングがなく偏光別効率差が大きい。地心観測時と黒体・深宇宙校正光導入時の間のポインティング機構の回転角は90度であることから，ポインティング機構のミラーの偏光とフーリエ分光器機構部の偏光の関係が観測時と校正時で異なる。この効果を熱赤外域では地上データ処理において補正している[11)]。

3.3　電気的校正

3.3.1　校正方式

衛星搭載光学センサでは通常，地球の放射輝度を観測する際ダイナミックレンジを適切に設定するためにバンドごとに何段階かの電気的なゲイン調整ができるようになっている。例えばハイゲイン，ノーマルゲイン，ローゲインといったものである。地上校正や機上校正，代替校正などの放射輝度校正においては通常バンドごとに適切なゲインをひとつ選んで応答度の校正を行う。他のゲインについては放射輝度校正を省略し，電気的ゲインの比から応答度を推定する。

アナログ電気回路の増幅率は抵抗器，キャパシタなどの回路部品で決まるが，それらは軌道上で変化する可能性がある。そのために電気的ゲイン比を軌道上で校正することが行われる。電気的校正では検出素子の光電変換出力の代わりに外部から一定の電気的入力を与え，それぞれのゲインにおいて電気回路の出力を測定する。まず打ち上げ前に地上において電気的出力を測定しておき，次に打ち上げ後軌道上において電気的出力を測定する。これらの測定をバンドごと，ゲインごとに行い，バンドごとのゲイン比の校正を定期的に行ってその経時変化を調べる。

3.3.2　校正結果

ASTER/VNIRには３つのバンドがあるが，それぞれにハイゲイン，ノーマルゲイン，ローゲインがある。ノーマルゲインに対するゲイン比はあらかじめノミナル値でバンド１，２，３についてハイゲインではそれぞれ2.5，2.0，2.0に，ローゲインではすべてのバンドで0.75に設定されている。これらのゲイン比の時間的変化を10数年間に渡って測定しているがその変化はわずか（１％ないし３％）である[19)]。

なお電気的出力自体の大きさに関しては，すべてのバンドで時間的に低下傾向が認められた[19)]。

VNIRのバンド1と2のノーマルゲインについては10数年間で約5％の低下が認められ，バンド3のノーマルゲインについては同期間に約15％の低下が生じている。光学センサの放射輝度校正では電気回路のゲインを含めたセンサ全体の応答度を測定するので，電気的出力の低下が放射輝度校正結果に影響することはない。しかしながら電気的出力の変化が定量的に分かれば，全体からそれを差し引いて光学的応答の変化だけを分離して評価できるので有用な情報である。

3.4　まとめ

太陽反射領域における衛星搭載光学センサの機上校正に関しては，初期の頃からランプを用いた放射輝度校正が行われてきた。1990年代後半に太陽拡散板を用いた反射率校正が実用化され当初中分解能光学センサに適用されてきたが，最近では高分解能光学センサやフーリエ分光式センサにも適用されるようになってきた。

ランプは軌道上で機動的に運用できることに利点があり，またASTER，SPOT，OLIの経験から軌道上で安定性が十分良好であることが示されてきた。一方校正光がセンサの光学系の一部しかカバーしないため，ランプ校正が開口全体を十分よく代表しているかどうかという点では不確かさが残る。しかしながら本稿で述べたASTER/VNIRとSWIRの機上校正の経験から，ランプ校正はセンサの応答度に関する貴重な情報を提供していることが分かる。代表性の問題を詳細に検討した上で，校正データをしかるべく分析・評価すれば応答度校正に一定の貢献ができる。またランプはセンサの検出素子や光学系の健全性をチェックするのにも有効なため，いろいろな光学センサに継続的に搭載されている。

太陽拡散板による機上校正は開口全体に校正光を導入できるという利点から，当初中分解能光学センサの機上校正に採用され，太陽拡散板と同時に太陽拡散板安定性モニターも搭載するという方法がとられた。一方同等な太陽拡散板を2枚搭載，又は両面を使用し，頻度を分けるというより簡便な運用方式が開発されて高分解能光学センサやフーリエ分光式のセンサにも採用されるようになった。この方法は軌道上でセンサの反射率測定の校正を2％ないし3％の不確かさでできるとされている。

機上校正の不確かさ評価方法は本章で若干触れたが，まだ技術的に十分確立されたものとはいえず今後の課題として残っている。また軌道上でのセンサの校正は機上校正だけでなく，特定の地表をターゲットにした代替校正や月をターゲットにした月校正も行われている。これらの校正データと機上校正データを統合して軌道上でのセンサ応答度に関して最良の推定値を求めようという試みが始まっている。この話題については7章で触れる。

引用文献

1）G. Thuillier, M. Herse, D. Labs, F. Foujols, W. Peetermans, D. Gillotay, P. C. Simon and H. Mandel：The solar spectral irradiance from 200 to 2400 nm as measured by the SOLSPEC spectrometer from the ATLAS and EURECA missions, Solar Physics, 214, pp. 1-22, 2003.

2）M. Schöll, T. D. de Wit, M. Kretzschmar and M.Haberreiter：Making of a solar spectral irradiance dataset I: observations, uncertainties, and methods, J. Space Weather Space Clim., 6, A14-pp. 1-21 (2016)

3）Toon, G. C.：Solar line list for GGG2014, TCCON data archive, hosted by the Carbon Dioxide Information Analysis Center, Oak Ridge National Laboratory, Oak Ridge, Tennessee, U.S.A., doi:10. 14291/tccon.ggg2014.solar.R0/1221658, 2014.

4）NASA, MODIS, Component, Solar Diffuser, https://modis.gsfc.nasa.gov/about/soldiff.php (2019.12.2)

5）NASA, Goddard Space Flight Center, MODIS Characterization Support Team, Reflective Solar Band (RSB) Calibration, http://mcst.gsfc.nasa.gov/calibration/reflective-bands (2019.12.2)

6）J. Sun and M. Wang：VIIRS reflective solar bands calibration progress and its impact on ocean color products, Remote Sens., 8(3), pp. 194-213, 2016.

7）J. E. Esposito, X. Xiong, A. Wu, J. Sun and W. Bames：MODIS reflective solar bands uncertainty analysis, Proc. SPIE, 5542, pp.448-458, 2004.

8）X. Xiong, J. Butler, J. Fulbright, A. Angal, H. Chen and Z. Wang：Assessment and comparison of MODIS and VIIRS SD on-orbit degradation, http: //digitalcommons. usu. edu/cgi/viewcontent. cgi? article=1174&context=calcon (2019.12.2)

9）NASA, Goddard Space Flight Center, MODIS Characterization Support Team, RSB Plots, http://mcst.gsfc.nasa.gov/calibration/rsb-plots/23 (2019.12.2)

10）B. Markham, J. Barsi, G. Kvaran, L. Ong, E. Kaita, S. Biggar, J. Czapla-Myers, N. Mishra and D. Helder：Landsat-8 Operational Land Imager radiometric calibration and stability, Remote Sens., 6 (12), pp. 12275-12308, 2014.

11）A. Kuze, H. Suto, K. Shiomi, T. Urabe, M. Nakajima, J. Yoshida, T. Kawashima, Y. Yamamoto, F. Kataoka and H. Buijs：Level 1 algorithms for TANSO on GOSAT: processing and on-orbit calibrations, Atmos. Meas. Tech., 5, pp. 2447-2467, 2012.

12）Y. Yoshida, N. Kikuchi and T. Yokota：On-orbit radiometric calibration of SWIR bands of TANSO-FTS onboard GOSAT, Atmos. Meas. Tech., 5, pp. 2515-2523, 2012.

13）A. Ono, F. Sakuma, K. Arai, Y. Yamaguchi, H. Fujisada, P. N. Slater, K. J. Thome, P. N. Palluconi and H. H. Kiefer：Pre-flight and in-flight calibration plan for ASTER, J. Atmos. Oceanic Technol., 13(2), pp.

321-335, 1996.

14）F. Sakuma, A. Ono, S. Tsuchida, N. Ohgi, H. Inada, S. Akagi and H. Ono：Onboard Calibration of the ASTER Instrument, IEEE TGeosci. Remote, 43(12), pp. 2715-2724, 2005.

15）F. Sakuma, M. Kikuchi, H. Inada, S. Akagi and H. Ono：Onboard Calibration of ASTER Instrument, Proc. SPIE, 8528, 1-10(2012).

16）NASA, MODIS Component, Blackbody assembly, https://modis.gsfc.nasa.gov/about/blackbody.php (2019.12.2)

17）NASA, Goddard Space Flight Center, MODIS Characterization Support Team, TEB Plots, http://mcst.gsfc.nasa.gov/calibration/teb-plots?page=1 (2019.12.2)

18）朝木萌奈，他：低温域におけるASTER/TIR校正精度の時系列評価，日本リモートセンシング学会第63回学術講演会論文集359/360(2017)

19）F. Sakuma, M. Kikuchi and H. Inada：Onboard electrical calibration of ASTER VNIR, Proc. SPIE, 8889, pp.1-10, 2013.

4章　代替校正

衛星搭載光学センサは打ち上げ後軌道上において特性が変化（劣化）する可能性がある。信頼性の高い地球観測データをユーザに提供するにはセンサの特性，特に軌道上で変化しやすい応答度を継続的に校正することが欠かせない。

光学センサが軌道上にあるときに，特定の地表ターゲットを観測することにより光学センサを校正することが行われる。これを代替校正(vicarious calibration)と呼ぶ。代替校正の代表的なやり方では，衛星が上空を通過するときに地上においてターゲットの分光反射や放射輝度，温度等を測定し，同時に大気の分光散乱・透過過程を推定して大気圏外における（すなわち軌道上の光学センサの位置における）ターゲットの放射輝度を評価する。地表ターゲットを観測することにより光学センサの応答度を校正する。代替校正はこれまで太陽反射領域においても地球放射領域においてもしばしば行われている。

4.1　太陽反射領域における代替校正

太陽反射領域の光学センサ（特にマルチバンドセンサ）に対する代替校正技術は，1980年代から1990年代にかけてアリゾナ大学のSlaterらによって開発され[1~2]，複数の方法（相互校正を含む）が提案された。これらのうちこれまで最もよく利用されてきた反射率ベース法について以下に述べる。

4.1.1　反射率ベース法（Reflectance-based method）

反射率ベース法の概念図を図4.1に示す。地上に代替校正用のターゲットを定め，衛星搭載センサのターゲット観測と同期して，ターゲットおよびその上の大気に関する各種パラメータを測定する。これらの測定データから，大気上端での上向き放射輝度を計算してセンサの応答度の校正に用いる。一方，衛星搭載センサは打ち上げ前に地上で応答度が校正されているので，それに基づいてターゲットの放射輝度が画像データから計算できる。これら２つの放射輝度の値に差があれば，打ち上げ後軌道上でセンサの応答度が変化したものとみなし，必要に応じて修正する。

4.1.2　ターゲットサイト

代替校正用のターゲットサイトには，反射率が高く，完全拡散に近く，対象とするセンサの瞬時視野に対して十分に広い領域で均質であることが望まれる。また大気は可能な限り薄く，時間的に安定しており，晴天率が高いことも望まれる。さらに，各種測器を運び込み設置したり，測定の多くを人

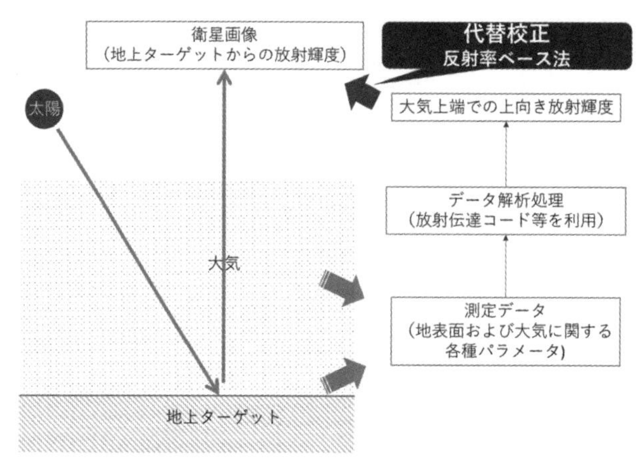

図4.1　反射率ベース法の概念図

力に頼ったりすることから，ロジスティクスの良さ（運搬コストの低さおよび安全性の高さ）が望まれる。

センサごとに重視する条件が異なるため，ターゲットサイトも様々である。しかし一般的には，米国ネバダ州（および近傍州）の高地半乾燥地域に点在する乾燥湖が以上の条件に最も適したサイトであり，その代表的なサイトにRailroad Valleyがある。本サイトは米国を中心に様々な国のリモートセンシング機関によって利用されている。

欧州ではフランスのLa Crauの裸地・草地，また，中国では古くから敦煌（Dunhuang），最近では包頭（Baotou）の砂漠（もしくは人工的に広域敷設した砂利）などが利用されている。日本国内でも裸地・草地・砂丘・雪原等のサイトの利用がしばしば試行されているが，その精度・コストの問題等から，継続的な利用には至っていない。

4.1.3　地上測定

代替校正に必要とされる各種パラメータは，衛星と同期した地上での測定で得ることが望ましい。しかし，実用的な代替校正においてはコストと精度のバランスを考慮して，同期で測定するパラメータは地表面反射，エアロゾルの光学的厚さおよび地表面気圧に絞られることが多い。

たとえ多くの測器を現地に持ち込むことが可能であっても，衛星との短い同期時間内で一斉に測定する必要があるため，測定項目に比較して人手が少なくなる傾向があり，精度の低い（もしくは欠損の多い）測定結果となりがちである。さらに，一時的に（特に打ち上げ直後等に）多くの測定を高精度で行うことが可能であっても，代替校正はセンサが運用されている長期間に渡って継続的に行わなければならないため，最初から測定項目を絞って計画的に行うことも現実的な選択となっている。

(1)　地表面反射

地表面の双方向反射率ファクター（Bidirectional Reflectance Factor：BRF）[3)]は，最重要測定項目である。注意すべき点は，標準反射板の精度，地上ターゲット測定データの空間的・時間的代表性，および，測器の携帯性・安定性である。

標準反射板の表面材質には，ほとんどの場合，PTFE（フッ素化樹脂）ベースの材料（商品名はスペクトラロン[4]）を利用する。他の種類の材料に比較し，保管および携帯性に優れ，また，反射板表面での水の影響が比較的小さいという性質が利用される主な理由である。

地表面のBRFは，分光放射計（後述）で地表面と標準反射板の放射輝度を短時間内で測り，その比に対して反射板の双方向反射率分布関数（BRDF）補正をかけて得る（本稿では，BRDFをBRFの角度分布（もしくはその関数）の意味で使う。National Institute of Standards and Technology（NIST）によるBRDFの定義とは異なる。NISTの定義では，BRDF=BRF/πの関係にある[3,5]）。代替校正以外の一般の利用においては，標準反射板を完全拡散と見なして，地表面と標準反射板の放射輝度測定値の単純な比（もしくは，製造元から提供される反射（８度入射に対する半球への反射）の値を用いて補正した値）を反射係数として扱うことが多い。しかし，標準反射板といえども，厳密には完全拡散ではなく，反射面から法線方向へのBRFは，太陽入射天頂角に対して図4.2のような変化を示すため，代替校正では常にBRDF補正が必要である。

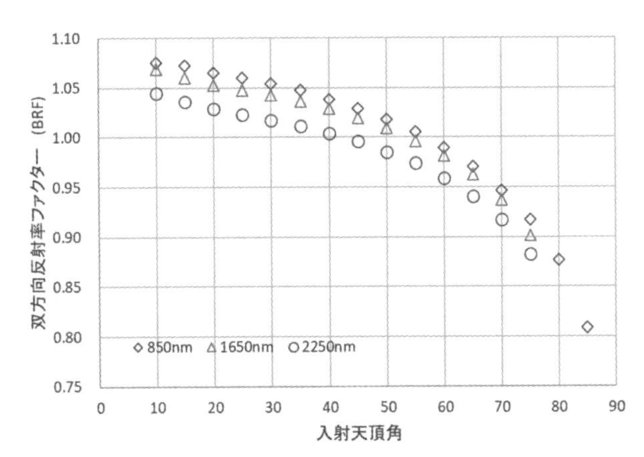

図4.2 標準反射板スペクトラロンの入射角に対する双方向反射率ファクター（産業技術総合研究所において計測された一例）

図4.2は，産業技術総合研究所（以下，産総研）が代替校正時に現地で利用している標準反射板のBRF値である。これは，アリゾナ大学によって校正[6〜8]されたNISTトレーサブルな別の（使用制限しなるべく変質しないように室内で維持管理している）標準反射板を基に，産総研地質調査総合センター実験室内で比較校正し，野外用の標準反射板として使用しているものである。標準反射板の野外利用では，長期間に汚れや紫外線の影響による劣化が生じるため，この比較校正を定期的に行う必要がある。

地表面のBRF測定においては，空間的・時間的代表性にも注意を払う必要がある。校正対象の衛星搭載センサの瞬時視野が大きい場合には，大面積の地上ターゲットが必要となる。大きな面積を代表するBRFを得るには多くの地点での測定が必要であるが，それには時間がかかり，時間的代表性（衛星観測と地上測定の時間的同一性）に問題が生じかねない。衛星観測と同期しつつ，空間的・時間的代表性をバランスよく得るように地上測定を計画する必要があり，これが難しい場合には経験的な情報を組み合わせるなど何らかの工夫が必要となる。

BRF測定の測器（分光放射計）については，野外使用における携帯性・安定性が重要である。広域を短時間で多数点測定するための携帯性，および，乾燥地等の過酷な気温変化や野外での粗雑な扱いにも耐え得る安定性が望まれる。市販の分光放射計は多数あるが，このような条件に適ったものは少なく，この20年間ほどは商標名でFieldSpec[9]が使われることが多い。

(2)　エアロゾル

エアロゾルの光学的厚さ，複素屈折率，サイズ分布は重要な測定項目である。これらをすべて得るには，太陽直達光のみならず大気からの散乱光を測定する機能を有する測器が望ましい。しかし散乱光を測定する機器の携帯性に難があるため，ターゲットサイト（もしくはその近傍）にAERONET[10]，Skynet[11]等の既設機器がない限りは，太陽直達光のみ測定する（つまり光学的厚さのみ測定する）携帯性に優れた小型のサンフォトメータ（例えばMicrotops II[12]）を利用する場合が多い。この際，複素屈折率およびサイズ分布は経験値等から事前に導き出しておく。また，既設機器がある場合でも，ターゲットサイトのエアロゾルが非常に薄く（例えば高地で大気が清涼な場合など），かつ，複素屈折率およびサイズ分布の経験値の妥当性が高いと考えられる場合には，経年的に安定した結果を得るために敢えてサンフォトメータの値だけを利用する場合もある。

(3)　地表面気圧

地表面気圧は，分子散乱（レイリー散乱）および分子吸収の量の推定のため，また，前記エアロゾルのパラメータの値を出す際にも利用する。対象センサの波長帯域によっては（分子散乱・吸収の影響の小さい帯域であれば）高精度でなくともよく，携帯用小型のものや別測器に付随した気圧計の値を利用することも多い。

(4)　オゾン・水蒸気

オゾン・水蒸気は，限られた波長帯域ではあるが，太陽照射に対して非常に強い吸収を持つため，また，オゾンについては前記エアロゾルのパラメータを出す際にも利用するため，この吸収量を算出する必要がある。対象センサがオゾン・水蒸気の強い吸収帯域を含んでいなければ高精度でなくともよく，簡易な計測器（例えばMicrotops II[12]）を使う，もしくは，オゾンについては衛星からの観測データ（OMI等），水蒸気については客観解析データ（NCEP等）やGPS水蒸気量，さらに，地表面温湿度気圧データから推定するといった程度でも十分な場合が多い。逆に，対象センサが強い吸収帯を含む場合，水蒸気について衛星観測に同期したゾンデデータが必要となることがある。

4.1.4　放射伝達

代替校正に必要な各種パラメータを整理した上で，大気（条件によっては，加えて地表面）放射伝達コードへ入力する。大気上端での地上ターゲットから対象衛星センサ方向への放射輝度を，センサ波長帯域の分光応答曲線データを利用して算出する。その結果とセンサの画像データより得られた地上ターゲットの放射輝度との比（画像データ／代替校正）を，打ち上げ後におけるセンサの応答度の劣化度合を示すもの（Radiometric Calibration Coefficient）とする。ただし，画像データの放射輝度について，すでに応答度の経年劣化補正がなされている場合にはその補正過程を取り除き，打ち上げ時の未補正時の値に戻す。

放射伝達コードには，陸域リモートセンシング分野で一般的な6 S[13]，MODTRAN[14]等が利用される。ただし，注意すべき点は太陽照度モデルの選択で，その結果に数%以上の差が出ることがある。なるべく最新の太陽照度モデルを選択することが望ましい。しかし，太陽照度モデルも，それぞれに一長一短があり，対象となるセンサによってその影響も異なり，いずれのモデルを選ぶべきか判断が難しい場合も少なくない。また，ひとつのセンサを長年に渡って代替校正する場合，可能な限り同じ手続き（測定と計算処理）を採用し，やや古くなった太陽照度モデルを利用し続ける場合もある。いずれにしても，選択した太陽照度モデルが，他の太陽照度モデルとどの程度の差を生じ得るか，常に把握しつつ利用する必要がある。その他，分子吸収モデル，エアロゾルモデル等々の選択についても，センサ，地上ターゲットおよびその測定条件等を考慮し，適したものを選択する必要がある。

4.1.5　代替校正の不確かさ

代替校正の不確かさのバジェット表については，アリゾナ大学が1990年代にまとめた表4.1[2]とGOSATプロジェクトが2010年代にまとめた表4.2が代表的なものである。

表4.1にある「現状」とは1990年代の初めを意味し，全体の不確かさは4.9 %と評価されている。「将来予想」とは当時未検証ではあるが将来期待される不確かさとの意味であり，2000年辺りには個々の事例として3.3 %に近い報告もなされている。不確かさの要因ごとに精度を上げるべく常に技術開発が行われ，徐々により小さな不確かさとなりつつある。また，より厳密に波長ごとに不確かさが示される場合もある[8]。ただし，各ターゲットサイトでの観測条件や，各機関の測器管理状況・測定手法およびパラメータ推定方法によって，これら不確かさの値は大きく変わるため，大まかには，代替校正の不確かさを未だ5 %程度と評価する場合が多い。

産総研のリモートセンシンググループがASTERのVNIRとSWIRに対して行う代替校正は，基本的にはアリゾナ大学の手法によっている。しかし，厳密には多少の違いがあり，その不確かさはアリゾナ大学よりもやや大きくなる。その最も大きな原因は，表4.1の標準反射板の校正（Reference panel calibration）である。前述したように，産総研では，アリゾナ大学で値付けされたNISTトレーサブルな標準反射板を用いて，産総研内実験室にて野外用標準反射板に対して比較校正している。つまり，アリゾナ大学が代替校正で用いている標準反射板よりも，比較校正過程が一段階多い標準反射板を現地において利用している。そのため，その不確かさは2.0 %ではなく，それよりもやや大きい2.8 %程度まで上がる（NISTパネルの不確かさを0.33 %[8]として，これをアリゾナ大学で校正されたパネルの不確かさ2.0 %に置き換えて算出）。表4.1の現状をベースに計算すれば，総じて，産総研の代替校正の不確かさは全体で5.3 %と推定される。

表4.1　反射率ベース法による代替校正の誤差要因（値はパーセンテージ）[2)]

要因	現状		将来予想	
	誤差	サブトータル	誤差	サブトータル
Ground-reflectance measurement		2.1		1.2
Reference panel calibration (BRF)	2.0		1.0	
Diffuse field correction	0.5		0.5	
Measurement errors	0.5		0.5	
Optical-depth measurement	5.4	1.1	5.4	1.1
Extinction optical depth	5.0		5.0	
Partition into Mie and Rayleigh	2.0		2.0	
Absorption computation		1.3		1.3
O_3 amount error	20.0		20.0	
Choice of aerosol complex index	2.0	2.0	1.5	1.5
Choice of aerosol size distribution				
Type		3.0		1.5
Size limits	0.2		0.2	
Junge parameters	0.5		0.5	
Vertical distribution	1.0	1.0	1.0	1.0
Non-Lambertian ground characteristic	1.2	1.2	0.5	0.5
Nonpolarized vs polarization code	0.1	0.1	0.1	0.1
Inherent code accuracy	1.0	1.0	1.0	1.0
Uncertainty in the value of μs	0.2	0.2	0.2	0.2
トータル誤差（二乗和の平方根）		4.9		3.3

表4.2はGOSATプロジェクトグループが作成した誤差配分表で，代替校正によって大気圏外における地表分光放射輝度を推定したときの不確かさを示す。これはフーリエ分光式センサの短波長赤外域における誤差配分表である。GOSATで使用する短波長赤外波長域の1.6 μmおよび2.0 μmは今までリモートセンシングではあまり使われない波長で，かつ大気の吸収もあるため，主要誤差要因のひとつであり，太陽照度データの見直しを行った。見直し後の精度は2％程度と評価している。

4.1.6　ASTER/VNIRの事例

ASTERで約15年間に渡り実施した代替校正の１事例（ASTER/VNIR Band 1劣化曲線（*RCC*の時間的変化））を図4.3に示す。米国高地砂漠域の３つの乾燥湖（Railroad Valley，Ivanpah PlayaおよびAlkali Lake）で実施したASTER/VNIRのバンド１の代替校正結果（VC）と機上校正機器による校正結果（OBC）を比較している。

表4.2　代替校正の誤差要因（フーリエ分光器の場合）

項目	誤差	応答度校正精度(± %)	
輝度換算	打ち上げ前校正	3 %	3
太陽照度		2 %	2
FTSのフットプリント	ポインティング	0.5 km	0.5
放射伝達計算	モデル計算	0.5 %	0.5
気象条件	雲・エアロゾル種別推定		2
	エアロゾル光学的厚さ	100 %	2
	気温高度分布	0.5 K	<<1
	気圧高度分布	1 hPa	<<1
	相対湿度	5 %	<<1
BRDF補正	MODISモデル	1 %	1
地表面反射率	スペクトラロン反射率	0.5 %	0.5
	スペクトラロンBRDF補正	1 %	1
	反射率測定用地上分光計の安定度	0.5 %	0.5
	MODIS輝度プロダクト(フットプリント内)		1
	BRDF安定性		2
	巻雲の干渉	1 %	1
RSS			5.5

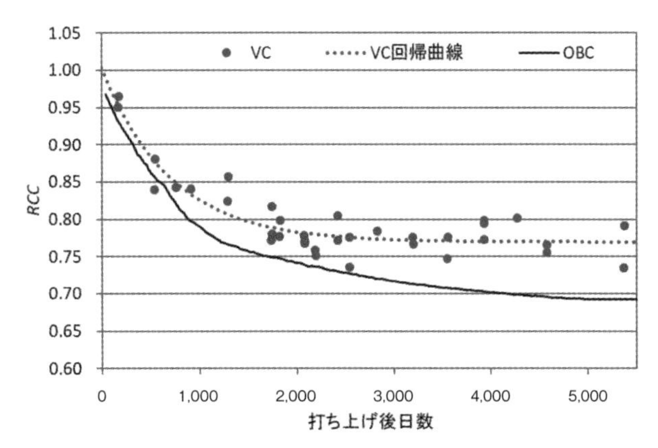

図4.3　ASTER/VNIR Band 1劣化曲線（*RCC*の時間的変化）。米国高地砂漠域の3つの乾燥湖（Railroad Valley, Ivanpah PlayaおよびAlkali Lake）で実施した代替校正結果（VC）と機上校正機器による校正結果（OBC）の比較

打ち上げ後約700日までは，代替校正と機上校正機器との一致性が良いが，その後やや異なる傾向を示すようになる。打ち上げ後しばらくは機上校正機器の結果のみで，ASTERプロダクトの放射量補正がなされていた。しかし，図4.3の結果から，代替校正結果も考慮して放射量補正されるようになった。

4.1.7　GOSAT/FTSの事例

FTS方式を採用するGOSATは光学系の効率の変化に加え，干渉計の変調効率の変化を応答度校正で評価する必要がある。変調効率はビームスプリッタで分離し光路差を持った観測光が再び干渉する効率を表し，機械的アライメントと温度に依存する。変調効率は打ち上げ前後で変化する可能性があるため，GOSATでは代替校正で絶対校正を行い，打ち上げ後の相対的変化は搭載太陽拡散板の裏面を使用した校正で評価している[15)]。

GOSAT/FTSは大気の吸収帯を高波数分解能で観測するため瞬時視野が10.5 kmと大きい。GOSAT/FTSとCAIの太陽反射領域に関しては，平面度が高く，空間的に反射率が均一で，アクセス性が良い米国ネバダ州のRailroad Valleyを代替校正サイトとして選定した。毎年晴天率が高く，かつ太陽高度が高い夏至の時期に，JPLのチームと合同で行っている。

代替校正は地上で観測したパラメータを入力値として，大気圏外分光放射輝度を計算して比較する。この方法はバンドパス分光方式や分散分光方式のセンサの方法と変わらないが，地球大気成分の吸収は温度依存があること，また2 μm帯には水蒸気の吸収帯があることから，GOSATの上空通過時にあわせてラジオゾンデを放球し高度約20 kmまでの気温・相対湿度分布を測定し，放射伝達計算の入力値にする。代替校正の詳細は文献16)に記載している。

3日回帰のGOSATの軌道は，ユタ州上空を通過後，翌日カリフォルニア州上空を通過する。RRVはこれら2つのGOSATの軌道の中間に存在するため，1週間の滞在で前方反射と後方反射各2回同期観測ができる。1日目はGOSATが太陽を正面に，前方反射光を，翌日は太陽を背にした後方反射光を観測する。RRVでは前方反射は，エアロゾルや巻雲による散乱の影響を受けにくく，かつBRDFの角度変化も滑らかである。一方，翌日の後方反射は，反射率は高いもののBRDFの角度依存が大きく，瞬時視野が大きいGOSATの放射伝達計算は難しい。RRVは冬期の積雪，および頻度は低いが降水後，特に前方反射の特性が変化しやすい。そのため代替校正の都度，反射率を測定することが望ましい。またプラヤと呼ばれる乾燥塩湖にも反射特性に空間分布があり，ASTERやMODISが使用する中心部は比較的反射率が低く，周辺部は反射率が高くかつ拡散性に優れるが，一方降雨前後の特性変化が大きい[15)]。

GOSATは10.5 kmの視野を斜視で観測するのに対し，代替校正では500 m四方の地点の地心方向の反射率を測定する。GOSATの瞬時視野内で地表の反射率もBRDF特性も均一ではないため，地上観測地点の反射率測定値を基準として，MODISのキャンペーン日を含む16日データから作られるBRDFプロダクトを用いて瞬時視野平均値と地上観測地点の値の比を計算する。2015年からは米国OCO-2と同時に代替校正を実施している。長期に渡って校正を継続するとともに，毎年観測項目を追加し，校正だけでなく温室効果ガス濃度も測定する検証サイトになっている。キャンペーン期間中は，太陽電池電源を供給し，太陽追尾装置を備えた地上設置FTSを設置し，CO_2とCH_4の気柱量を取得する。また不定期で直接観測を行う分光計を搭載した小型ジェット機でCO_2，CH_4の鉛直分布をNASA・AMESチームが測定している[17)]。

図4.4に日米合同キャンペーンにおける観測項目を示す。地表面反射率は，FieldSpecとデータ取得用PCを改造した双子用のベビーカーに搭載し，地表面からの反射光をレンズで集光し光ファイバーで導入する。定期的にスペクトラロン反射板を地上に設置し，スペクトラロンとの相対的な反射率の比を測定する。1週間のキャンペーン期間中の快晴の機会は限られているため，測定に冗長性をもたせ二組にわかれて2地点の反射率を測定する。各チームで使用するFieldSpecとスペクトラロンは相互に比較し，差が1％以下であることを確認する（図4.4の左上）。GOSATは斜視で校正サイトの観測を行うため，BRDF補正が必要となる。3組目のチームは直下とGOSATと同じ角度の斜視の反射率の比を測定する。さらに補助的にPARABOLAというポール上に設置した装置でBRDFデータを取得する（図4.5）。赤外放射観測に関しては後述する。

エアロゾルの光学的厚さおよび波長依存性は，RRVサイトにある恒常的に設置されたAERONETのデータを主に，バックアップとしてMicrotops IIという放射計のデータを用いる。

図4.6にGOSAT/FTSの代替校正結果を2直線偏光別に示す（図4.6の縦軸はRCCと同義である）。キャンペーンでは1日2か所で測定を行い，快晴時のデータを用いて測定箇所ごとのデータを用いて劣化を評価する。各年のキャンペーン期間中の天候条件により有効データ数は異なる。BRDF補正が最大誤差要因であるが，キャンペーン前の降水状況によりBRDFが変化するため，安定して評価できる年と測定値がばらつく年がある。GOSAT/FTSは絶対応答度は代替校正を，相対的な変化は毎月実施する太陽拡散板の裏面データ校正値を用いて作成した劣化近似曲線を記載した。GOSAT/FTSのLevel 1B分光放射輝度プロダクトには，単位波数あたりの電圧値（単位はV/cm^{-1}）と本劣化近似曲線を用いて補正した分光放射輝度（単位は$W/cm^2/sr/cm$）の双方を格納する。

図4.7にはCAIの代替校正を用いた応答度劣化評価を示す。FTS，CAIとも2010年6月までは劣化が早く，2011年以降応答度は安定していることがわかる。

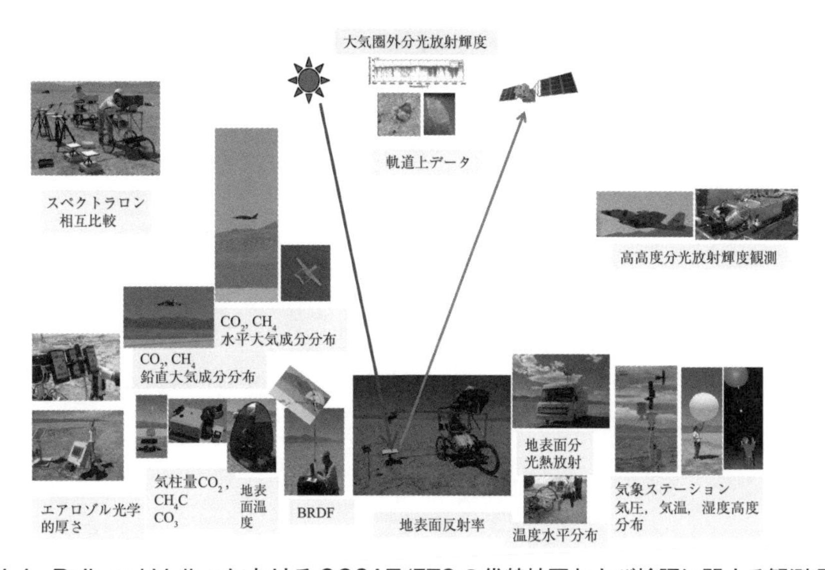

図4.4　Railroad ValleyにおけるGOSAT/FTSの代替校正および検証に関する観測項目

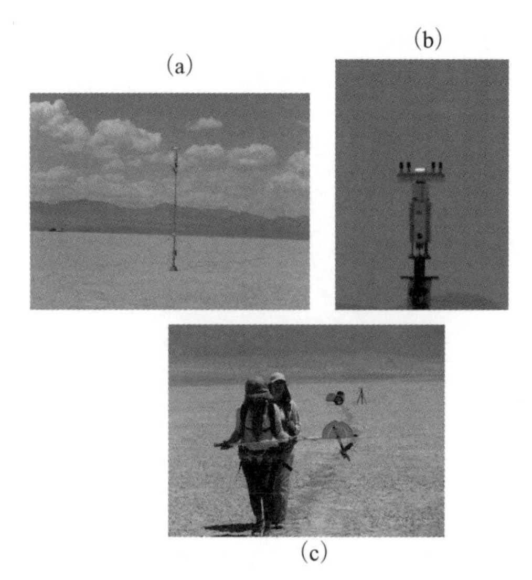

図4.5　(a) JPLが開発したBRDF測定専用装置PARABOLA。(b) 先端部分に取り付けられた8波長分の放射計。先端部分は水平方向に360度回転しながら天頂から地心にむけ首を振り半球反射および天空からの放射を測定する。図の下部にスペクトラロンが設置されている。(c)可搬型連続分光放射計によるBRDF測定。衛星が上空通過時に衛星方向に合わせて光を導入する光学系をむけ，フィールドスペックを背負い反射率を測定する。遠方三脚の上に設定されているのがスペクトラロンである

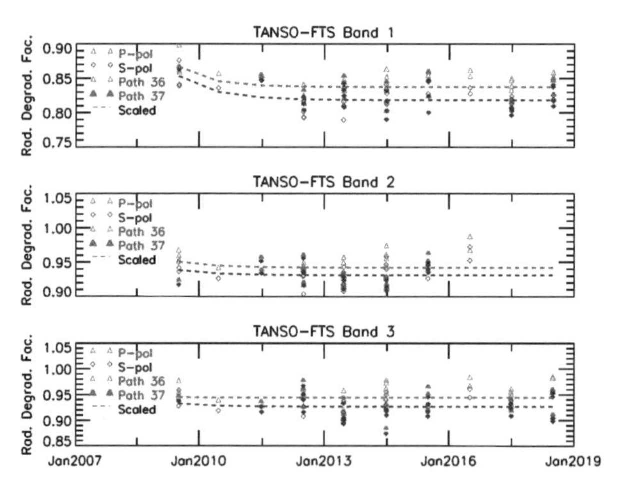

図4.6　GOSAT/FTSの応答度の劣化特性。それぞれの記号は，個々の地表面測定から計算された校正点を表わし，中の線は搭載する太陽拡散板のデータから導出した劣化近似曲線を示す

表4.3 (a) に代替校正で決定した劣化率を示す。(b)，(c) には2009,2010,2011年の6月の評価結果から求めた1年間の劣化をRRV代替校正，太陽拡散板校正，晴天率が高くかつデータ安定度が高いサハラ砂漠上の評価地点について示す。いずれのデータも打ち上げからの時間とともに劣化が減速していることがわかる。

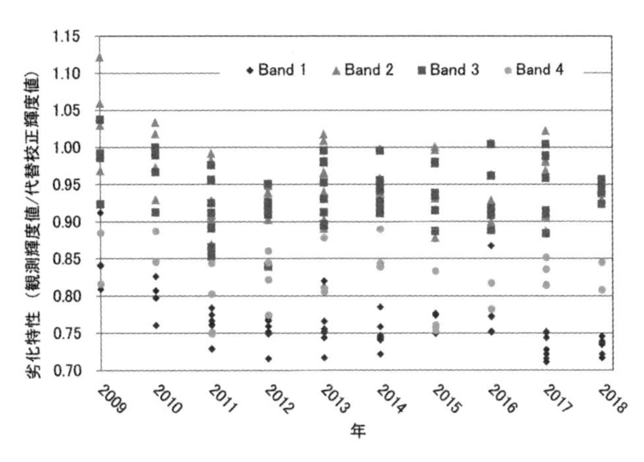

図4.7　GOSAT/CAIの年１回の代替校正による応答度の劣化特性

表4.3　打ち上げ初期の１年間のGOSAT/FTS,CAI各バンドの評価方法別の劣化度。(a) 毎年６月に実施する代替校正での劣化絶対値および太陽拡散板校正，サハラ砂漠データを加えた１年間の劣化。(b) 2009年６月および2010年６月，(c) 2010年６月から2011年６月にかけての劣化。サハラ砂漠データには７月のデータも含まれる

(a)

		FTS			CAI			
		B1	B2	B3	B1	B2	B3	B4
代替校正での評価	2009年	-11％	-1％	-3％	-17％	4％	0％	-18％
	2010年	-14％	-2％	-5％	-20％	-3％	-4％	-19％
	2011年	-14％	-4％	-6％	-22％	-7％	-6％	-20％

(b)

2009-2010年	FTS			CAI			
	B1	B2	B3	B1	B2	B3	B4
代替校正	-3％	-1％	-2％	-3％	-7％	-4％	-1％
太陽拡散板校正	-2.4％	-0.7％	0.0％	N/A	N/A	N/A	N/A
サハラ砂漠	-2.0％	0.2％	-0.2％	-1.7％	-3.9％	-0.7％	-0.3％

(c)

2010-2011年	FTS			CAI			
	B1	B2	B3	B1	B2	B3	B4
代替校正	0％	-2％	-1％	-2％	-4％	-2％	-1％
太陽拡散板校正	-0.6％	-0.2％	0.1％	N/A	N/A	N/A	N/A
サハラ砂漠	-0.9％	-0.5％	-0.2％	0.2％	-1.3％	-0.4％	-0.6％

4.2　地球放射領域における代替校正

4.2.1　背景

1970年代に運用されたNOAA-2～5号機搭載のVHRRでは，海面温度の絶対値を得るため，海洋ブイを用いた“ground truth calibration”が行われていた[18]。これは放射伝達計算を行って大気上端の観測輝度を推定する代替校正とは異なるが，地球放射領域（熱赤外域）において地上ターゲットを用いて輝度値を調整することはリモートセンシングの黎明期から行われていたといえる。1980年代後半，NASAのEOSプロジェクトをきっかけとして太陽反射領域で代替校正が行われるようになると，搭載黒体等による機上校正の信頼性が高い熱赤外センサにおいても，代替校正の必要性が認知されるようになってきた。その後は，MTI[19]，ASTER[20]，MODIS[21]，Landsatシリーズ[22,23]を始めとする熱赤外センサ（バンド）を対象とする代替校正がプロジェクトの基幹業務として，あるいはユーザの立場で活発に行われている。また，近年はJAXAのCIRCなど，校正装置を持たない低コストの非冷却式小型赤外カメラも打ち上げられるようになり，これらのカメラでは打ち上げ後の校正係数の評価において代替校正（相互校正を含む）が必須となっている[24]。こうした背景の下，本章では主にASTERプロジェクトを例に挙げながら，熱赤外域における地上ターゲットを用いた代替校正について述べる。

4.2.2　原理

熱赤外域における代替校正は，放射源が地球であり，放射伝達では吸収・放射過程が支配的であることから，放射伝達計算に必要とされる地表および大気パラメータが太陽反射領域と異なる。熱赤外域における地上ターゲットを用いた代替校正は，温度ベースの手法と放射輝度ベースの手法に分けられる[25]。

温度ベースの手法は，衛星観測時における地上ターゲットの物理温度および分光放射率を測定し，その時の大気鉛直プロファイルを用いた放射伝達計算によって大気上端での放射輝度を推定する。バンドbの推定放射輝度V_bは次式によって計算される。

$$V_{\mathrm{b}}=\int_0^{\infty} R_{\mathrm{b}}(\lambda)\left[\tau(\lambda)\{\varepsilon(\lambda)\mathrm{B}(\lambda,T)+\left(1-\varepsilon(\lambda)\right)L^{\downarrow}(\lambda)\}+L^{\uparrow}(\lambda)\right]d\lambda \Big/ \int_0^{\infty} R_{\mathrm{b}}(\lambda)d\lambda \quad \cdots\cdots\cdots\cdots \quad (1)$$

ここで，λ：波長，R_{b}：バンドbの分光応答度関数，ε：地表面分光放射率，T：地表面温度，B(*)：プランク関数，τ：大気透過率，$L^{\uparrow}$：光路輝度（パスラジアンス），$L^{\downarrow}$：天空輝度（下向き放射照度をπで除した値）である。地表面分光放射率は物質の種類や表面状態によって異なるため，陸域サイトではフーリエ変換赤外分光計（FTIR）等による放射率測定が必要であるが，水域サイトではスペクトルライブラリ（https://speclib.jpl.nasa.gov/など）の水の放射率データを使用できる。地表面温度は変動が激しいパラメータであり，衛星搭載センサと完全同期した現場測定が不可欠である。なお，水域での物理温度は表皮水温であり，接触温度計で測定されるバルク水温ではない点に注意を要する。大気パラメータ（τ，$L^{\uparrow}$，$L^{\downarrow}$）は放射伝達コード（MODTRAN等）に衛星観測時の大気鉛直プロファイルを与えて計算する。大気鉛直プロファイルはラジオゾンデによる取得が好ましいが，これが利用できない場合，乾燥大気下であれば客観解析データによる代用も可能である。

放射輝度ベースの手法は，対象とする衛星搭載センサのバンドとほぼ同じ分光応答度関数を持つ放射計を用いて，衛星観測時における各バンドの地表放射輝度を直接測定する手法である。衛星搭載センサのバンドbの推定放射輝度V_bは，地上測定によるバンドbの地表放射輝度$L_{s,b}$を用いて次式によって計算される。

$$V_b = \tau_b L_{s,b} + L_b^{\uparrow} \quad \cdots\cdots (2)$$

$$x_b = \int_0^{\infty} R_b(\lambda) x(\lambda) d\lambda \Big/ \int_0^{\infty} R_b(\lambda) d\lambda \qquad (x = \tau, L^{\uparrow}) \quad \cdots\cdots (3)$$

本手法では放射率測定が不要のため，実験を簡略化でき，さらに放射率測定の誤差の影響を受けにくい点に優れるが，分光応答度関数にずれがあると誤差要因となる。また，式（2）が成立するためには，対象バンドのバンド幅が狭く，感度波長域における地表放射輝度の波長変化が十分に小さいことが必要である。

4.2.3　ターゲットサイト

ターゲットサイトの条件としては，衛星搭載センサの瞬時視野よりも十分に広い範囲で地表面温度および地表面放射率が均一であることが重要である。十分な広さと深さを持つ湖はこの条件に適合し，加えて地表面放射率も既知であるため，最適なサイトである。但し，湖の水温は一般には5～30℃程度であり，校正温度レンジが限定される。そこで高温側の校正サイトとして砂漠や乾燥湖など，低温側の校正サイトとして雪原なども利用される。これらを組み合わせることで，広い温度レンジでの校正が可能となる。

また，式（1）又は（2）によって精度良く放射輝度を推定するためには，大気効果が小さい（透過率が1に近く，光路輝度および天空輝度が0に近い）方が好ましい。したがって，熱赤外域の放射伝達において大きな放射・吸収源であり，かつ時空間変動も大きい水蒸気が少ないサイトほど好ましい。この条件に適合するのは乾燥地域や高地である。これら以外にも，実験の成功率を高める観点で晴天率が高いこと，サイトへのアクセス性が良いこと，などもターゲットサイトに求められる条件である。

4.2.4　代替校正の実際

(1)　ASTER/TIRの事例

ASTERは，熱赤外バンド（TIR）において最も長期的かつ継続的に代替校正が実施されている衛星搭載熱赤外センサであるといえる。ASTER/TIRの代替校正における主なサイトは，水域では霞ヶ浦，Lake Tahoe，Salton Sea*，陸域ではRailroad Valley**，Alkali Lake**，Coyote Lake*である（*は米国カリフォルニア州，** は同ネバダ州，Lake Tahoe は両州の境界に位置する)。また，低温域での代替校正のため，結氷した屈斜路湖を使用した例もある[26]。

霞ヶ浦は，夏季は高温多湿のため代替校正には不向きだが，11月～4月中旬は可降水量が1 cmを下回ることも多く，良好なサイトとして使用可能である[27]。この時期の実験時の水温は通常5～15℃程度である。実験サイトは掛馬沖の300 m四方の矩形エリアであり，ボートをその中央に配置し，単バンド放射温度計2台により表皮水温を2秒間隔で測定するとともに，ASTER/TIRと同じバンドを持つマルチバンド放射温度計（自動校正機能付き）による連続観測を行っている。単バンド放射温度計は自作の円錐型黒体による校正を数分おきに実施している。同黒体はJPL所有のNISTトレーサブルの黒体を使って校正している。また黒体温度を保つ循環水として現場の湖水を使用するため，ターゲット温度と黒体温度が近く，一点校正で十分な精度を有する。また，サイトの中央と4隅では接触温度計により水面下数cmのバルク水温を10秒間隔で測り，水温の空間分布も測っている。大気鉛直プロファイルはラジオゾンデを湖岸から打ち上げる場合が多いが，これができない場合には客観解析データで代用している。また，衛星通過時にサンフォトメータによる可降水量の測定を行い，その結果を元に大気プロファイルを修正し，放射伝達計算に使用している。

Lake TahoeおよびSalton Seaには，JPLによって衛星搭載熱赤外センサの自動検証サイト（Lake Tahoeには4つのブイ[28]，Salton Seaではひとつの台）が設置され，表皮水温を含む諸パラメータを常時観測しており，ASTER/TIRを始め，様々な衛星搭載熱赤外センサの校正検証に利用されている（https://calval.jpl.nasa.gov/)。図4.8にLake Tahoeの自動検証ブイの写真を示す。Lake Tahoeは標高が1900mと高く，水温も低めであることから低温側の校正に向き，Salton Seaは標高が-69 mと低いが半乾燥地域に位置し，夏場は水温が30℃を超えることから高温側の校正に向いている。

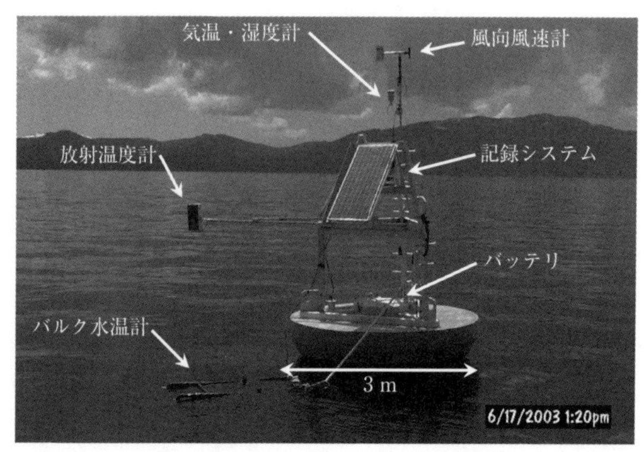

図4.8　米国のLake Tahoe（カリフォルニア州，ネバダ州）に設置されているJPLの自動検証ブイTB3（JPLのS. J. Hook博士より提供）

Railroad Valley，Alkali Lake，Coyote Lakeはいずれも乾燥湖である。Railroad Valleyは10 km四方にも及ぶ広大なサイトであり，MODISのような解像度が低いセンサでも利用可能である。夏場の表面温度は午前中でも40℃を超えることが多く，高温側の校正に向いている。Alkali Lakeは最大幅が3.6 km程のしゃもじ形を成しており，表面の均質性が高い。いずれも標高が1450 m前後であるが，秋〜冬季は降雨・降雪が見られることから，秋季には標高約520 mのCoyote Lakeを使用している。これらの乾燥湖では，約100 m四方の矩形エリアを実験サイトとし，ひとつの隅をベースポイントとしている。ベースポイントでは，単バンド放射温度計およびマルチバンド放射温度計各1台による地表測定を行っている。ただし，一見すると均一で平坦に見える乾燥湖の表面にも組成や密度，凹凸にムラがあるため，放射温度計によって測定される地表面温度が測定ポイントの選び方によりばらつくのが一般的である。そこで各放射温度計の測定ポイントと矩形エリア全体の温度差（空間的バイアス）を補正するため，ベースポイントでの測定と同期して矩形エリアの辺に沿って歩きながら単バンド放射温度計1台による移動測定も行っている。**写真4.1**にRailroad Valleyにおける地上実験時の写真を示す。地表面放射率については，現場で採取した地表サンプルをJPLに送り，室内設置型の積分球付FTIRによって測定してもらっている。ラジオゾンデはJPLに依頼してサイト近傍にて打ち上げてもらう場合が多いが，これができない場合には客観解析データを使用している。また，衛星通過時にはサンフォトメータによる可降水量の測定を行い，大気プロファイルの修正に使用している。

写真4.1　2016年9月に米国のRailroad Valley（ネバダ州）にて実施した地上実験の様子

通常，代替校正実験は光路中の水蒸気量が少ない環境を選んで実施するため，その精度は，水域では地表面温度の決定精度に最も大きく依存し[27]，陸域ではそれに加えて地表面放射率の決定精度にも大きく依存する。ASTERプロジェクトの例では，代替校正による推定輝度温度とASTERの観測輝度温度の差は，水域の場合には概ね1℃以内，陸域の場合には概ね1.5℃以内であり[29]，好条件下での代替校正の精度は概ねこの程度であると推察される。**図4.9**はASTER/TIRの5バンド（バンド10〜14）のうち，最も応答度（ゲイン係数の逆数）が低下しているバンド12について，打ち上げから約15年間における応答度の時間変動を示したもので，代替校正による予測値（曲線は三次回帰曲線）と機上校正による実測値を比較している（一部，雲の影響等による外れ値も含まれている）[29]。この例に示すように，ASTER/TIRの代替校正結果は各バンドの応答度の低下傾向を明瞭に捉えているとともに，

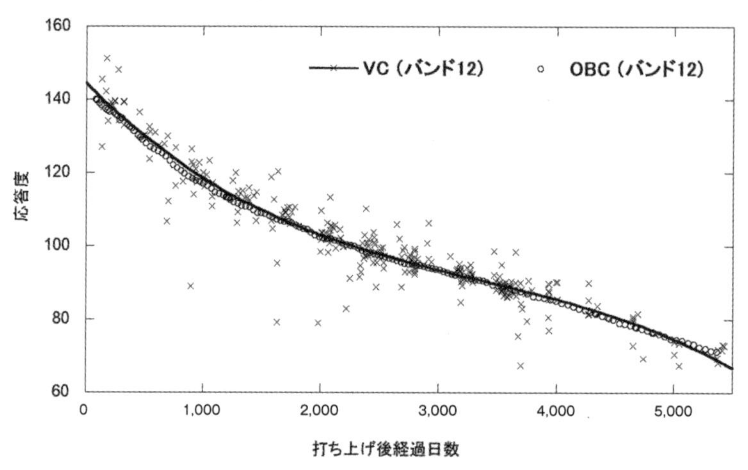

図4.9　代替校正（VC）および機上校正（OBC）によって得られたASTER Band 12の応答度変化（Tonooka ほか（2014）[29]のFig. 2aを更新）。VCについては3次近似曲線も表示している

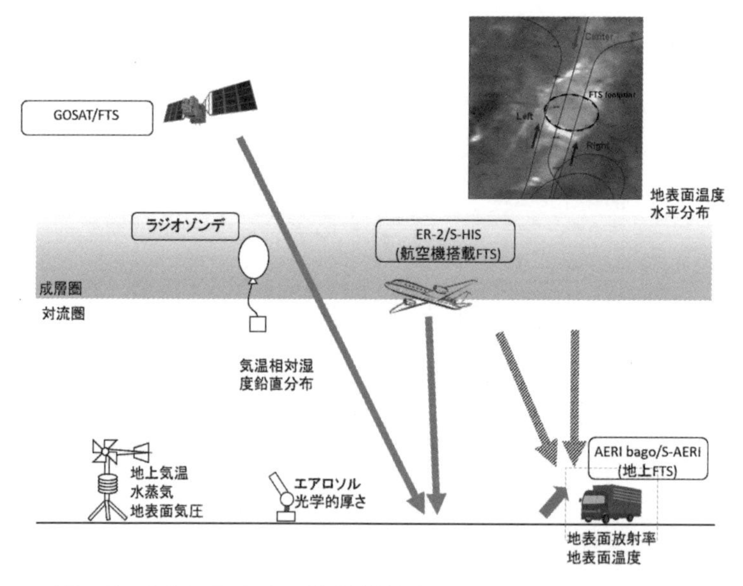

図4.10　GOSAT/FTSの地球放射領域における代替校正の概念図

機上校正の精度が仕様（270～320 Kでは1 K以下）を維持していることを示している。

⑵　GOSAT/FTSの事例

GOSAT/FTSは地球放射領域では軌道上高頻度で搭載黒体と深宇宙視野による絶対応答度校正が可能なため，代替校正は補助的である。2011年にRailroad Valleyにおいて限定した場所で地上用FTSを用いて地球放射領域における分光放射輝度を測定して地表面温度と分光放射率を求め，FTSの代替校正を行った[30]（図4.10・写真4.2）。大気からの熱放射を観測するGOSATでは，大気上端での分光放射輝度の比較評価が有効で高度20 kmの飛行が可能なNASA・ER2航空機に搭載したFTSと地上FTSと組み合わせて評価する。航空機飛行高度より上空にも大気があることおよびGOSATは斜視で観測することから，単純な分光放射輝度の比較ではなく，下式に示すように衛星・航空機それぞれの観測

写真4.2 地上FTSを搭載し，ラジオゾンデ放球が可能なウイスコンシン大のフィールド観測専用車（左）（図4.11中 AERI bago）。および地上FTSと角度依存測定および校正を行う導入機構系（右）

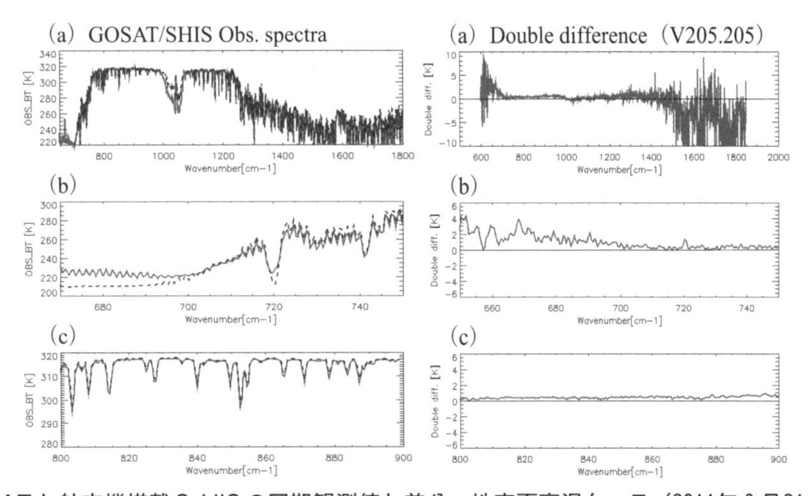

図4.11 GOSATと航空機搭載S-HISの同期観測値と差分：地表面高温ケース（2011年６月21日 Railroad Valley）。左列はGOSAT/FTSのLevel 1B V205.205（実線）およびS-HIS（点線）の観測データから換算した分光輝度温度。(a) GOSAT/FTS地球放射領域観測全波長範囲（650 cm^{-1}から1,800 cm^{-1}）。(b) CO_2吸収帯。(c)大気の吸収が少ない領域を示す。右列はダブルディファレンス評価結果

値と放射伝達計算の差の差分（ダブルディファレンス）を評価する。放射伝達計算においては，GOSAT，航空機に同期して放球したゾンデにより得られた気温・相対湿度の鉛直分布データを用いる。

$$R_{\mathrm{diff}}=(\tilde{R}^{\mathrm{GOSAT}}_{\mathrm{OBS}}-\tilde{R}^{\mathrm{GOSAT}}_{\mathrm{CALC}})-(\tilde{R}^{\mathrm{SHIS}}_{\mathrm{OBS}}-\tilde{R}^{\mathrm{SHIS}}_{\mathrm{CALC}}) \quad (4)$$

瞬時視野内には温度分布があるため，地上用FTSで観測した温度の差を，GOSATに同期して航空機搭載FTSで取得した広域観測データから取得し，補正をしている。

FTSは取得生データであるインターフェログラムの光路差をそろえれば同じ波数分解能で評価することができる。図4.11にRailroad ValleyにおけるGOSATと航空機搭載S-HISのスペクトル比較およびダブルディファレンスの評価結果を示す。

さらに非線形性補正を行っている熱赤外域では高温地表面を用いたRailroad Valleyだけではなく，

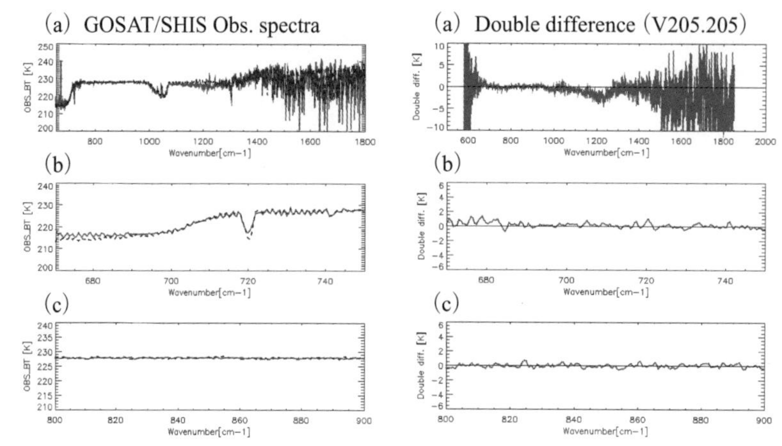

図4.12　GOSATと航空機搭載S-HISの同期観測値と差分：地表面低温ケース（2015年3月23日グリーンランド上空）

低温域の評価としてグリーンランドで2015年3月に航空機搭載FTSとラジオゾンデを用いた校正を行っている。図4.12に比較評価結果を示す[31]。

代替校正は年一度キャンペーンとして行っているが，加えてGOSATは3日回帰ごとに特定点観測としてRRVを指向し，長期継続観測を行っている。

また窓領域での評価に限定されるが，NOAA（アメリカ海洋大気庁）が提供するブイでの海面水温を用いてFTSの長期安定性を昼夜ともにモニタリングしている。

2016年には中国からCO_2を観測するTANSATが，2017年には欧州よりCH_4を観測するSentinel 5P衛星が打ち上がり，代替校正とともに相互比較も計画されるようになった。国際的な調整を行なう地球観測衛星委員会（CEOS）が推奨する校正サイトであるアフリカ南部のナミビア，中国敦煌，包頭を将来的な代替校正の候補として継続的な衛星からの観測を開始している。

引用文献

1）P. N. Slater, S. F. Biggar, R. G. Holm, R. D. Jackson, Y. Mao, M. S. Moran, J. M. Palmer and B. Yuan：Reflectance-andradiance-basedmethods for the inflight absolute calibration of multispectral sensors, *Remote Sensing of Environment*, 22, 11-37, 1987.

2）P. N. Slater, S. F. Biggar, K. J. Thome, D. I. Gellman and P. R. Spyak：Vicarious Radiometric calibration of EOS sensors, *Journal of Atmospheric and Oceanic Technology*, 13, 349-359, 1996.

3）G. Schaepman-Strub, M. E. Schaepman, T. H. Painter, S. Dangel and J. V. Martonchik：Reflectance quantities in optical remote sensing—definitions and case studies, *Remote Sens. Environ.*, 103, 27-42, 2006.

4）Spectralon Diffuse Reflectance Standards, 2017,https://www.labsphere.com/site/assets/files/2628/spectralon_diffuse_reflectance_standards.pdf(2017.3.3).

5) F. E.Nicodemus, J. C. Richmond, and J. J. Hsia：Geometrical considerations and nomenclature for reflectance. Institute for Basic Standards, National Bureau of Standards, October, Washington, DC, 1977.

6) J. E. Proctor and P. Y. Barnes：NISThighaccuracyreferencereflectometer-spectrophotometer, *J. Res. Natl. Inst. Stand. Technol.*, 101, 0619-627, 1996.

7) S. F. Biggar, J. Labed, R. P. Santer, P. N. Slater, R. D. Jackson and M. S. Moran：Laboratory calibration of field reflectance panels, *Proc. SPIE*, 924, 232-240, 1988.

8) D. Helder, K. Thome, D. Aaron, L. Leigh, J. Czapla-Myers, N. Leisso, S. Biggar and N. Anderson：Recent surface reflectance measurement campaigns with emphasis on best practices, SI traceability and uncertainty estimation. *Metrologia*,49, S21-S28, 2012.

9) FieldSpec, 2017, https://www.asdi.com/products-and-services/fieldspec-spectroradiometers(2017.3.3)

10) Aeronet, 2017,https://aeronet.gsfc.nasa.gov/(2017.3.3).

11) Skynet,2017, http://atmos2.cr.chiba-u.jp/skynet/(2017.3.3).

12) MicroTopsII, 2017, http://solarlight.com/product/microtops-ii-sunphotometer/(2017.3.3).

13) 6S, 2017,http://6s.ltdri.org/(2017.3.3).

14) Modtran, http://modtran.spectral.com/(2017.3.3).

15) A. Kuze, T. E. Taylor, F. Kataoka, C. J. Bruegge, D. Crisp, M. Harada, M. Helmlinger, M. Inoue, S. Kawakami, N. Kikuchi, Y. Mitomi, J. Murooka, M. Naito, D. M. O'Brien, C. W. O'Dell, H. Ohyama, H. Pollock, F. M. Schwandner, K. Shiomi, H. Suto, T. Takeda, T. Tanaka, T. Urabe, T. Yokota and Y. Yoshida：Long term vicarious calibration of GOSAT sensors; techniques for error reduction and new estimates of degradation factors, IEEE Trans. Geosci. Remote Sensing, 52, pp. 3991-4004, 2014.

16) A. Kuze, D. M. O'Brien, T. E. Taylor, J. O. Day, C. O'Dell, F. Kataoka, M. Yoshida, Y. Mitomi, C. Bruegge, H. Pollock, R. Basilio, M. Helmlinger, T. Matsunaga, S. Kawakami, K. Shiomi, T. Urabe and H. Suto：Vicarious calibration of the GOSAT sensors using the Railroad Valley desert playa, IEEE Trans. Geosci. Remote Sensing, 49, pp.1781-1795, 2011.

17) E. L. Yates, M. Lowenstein, L. T. Iraci, J. Tadic, E. J. Sheffner, K. Schiro and A. Kuze：Carbon dioxide and methane at a desert site – a case study at Railroad Valley playa, Nevada, USA, MDPI, Atmosphere, 2, pp. 702-714, 2011.

18) F. M. Vukovich, B. W. Crissman, M. Bushnell and W. J. King：Sea-surface temperature variability analysis of potential OTEC sites utilizing satellite data, Final Report, Research Triangle Institute, Research Triangle Park, N.C. 27709, 1978.

19) S. J. Hook, W. B. Clodius, L. Balick, R. E. Alley, A. Abtahi, R.C. Richards and S.G. Schladow：In-flight validation of mid- and thermal infrared data from the Multispectral Thermal Imager(MTI) using an automated high-altitude validation site at Lake Tahoe CA/NV, USA. IEEE Trans. on Geosci. and Remote

Sens., 43, 1991-1999, 2005.

20）H. Tonooka, F.D. Palluconi, S.J. Hook, and T. Matsunaga：Vicarious calibration of ASTER thermal infrared bands, IEEE Trans. on Geosci. and Remote Sens., 43, 12, 2733-2746, 2005.

21）Z. Li, G. Xingfa, Z. Yuxiang, Y. Tao, C. Liangful, G. Hui, H. Hongyan：A vicarious calibration for thermal infrared bands of TERRA-MODIS sensor using a new calibration test site-Lake Dali, China, IEEE Int. Geosci. and Remote Sens. Sympo.(IGARSS), 4113-4116, 2007.

22）J.A. Barsi, J.R. Schott, F.D. Palluconi, D.L. Helder, S.J. Hook, B.L. Markham, G. Chander, and E.M. O'Donnell：Landsat TM and ETM+ thermal band calibration. Can. J. Remote Sens., 29, 141-153, 2003.

23）J.A. Barsi, J.R. Schott, S.J. Hook, N.G. Raqueno, B.L. Markham, R.G. Radocinski：Landsat-8 Thermal Infrared Sensor(TIRS) vicarious radiometric calibration, Remote Sens., 6, 11607-11626, 2014.

24）H. Tonooka, M. Sakai, A. Kumeta, and K. Nakau：In-flight radiometric calibration of Compact Infrared Camera (CIRC) instruments onboard ALOS-2 satellite and International Space Station, Remote Sens., 12, 58, 2020.

25）K. Thome, K. Arai, S. Hook, H. Kieffer, H. Lang, T. Matsunaga, A. Ono, F. Palluconi, H. Sakuma, P. Slater, T. Takashima, H. Tonooka, S. Tsuchida, R. Welch, and E. Zalewski：ASTER preflight and inflight calibration and the validation of level 2 products, IEEE Trans. on Geosci. and Remote Sens., 36, 1161-1172, 1998.

26）H. Tonooka, A. Watanabe, and T. Minomo：ASTER/TIR vicarious calibration and band emissivity measurements on frozen lake, Proc. of SPIE, 5983, 223-232, 2005.

27）外岡秀行, F.D. Palluconi, 松永恒雄, 庄司瑞彦, 新井康平：日本におけるASTER/TIRの代替校正の初期結果, 日本リモートセンシング学会誌, 21, 440-448, 2001.

28）S. Hook, R. Vaughan, H. Tonooka, and S. Schladow：Absolute radiometric in-flight validation of mid infrared and thermal infrared data from ASTER and MODIS on the Terra spacecraft using the Lake Tahoe, CA/NV, USA, automated validation site, IEEE Trans. on Geosci. and Remote Sens., 45, 1798-1807, 2007.

29）H. Tonooka, S.J. Hook, T. Matsunaga, S. Kato, E. Abbott, and H. Tan：ASTER/TIR vicarious calibration activities in US and Japan validation sites for 14 years, Proc. of SPIE, 9218, 9218-27, 2014.

30）F. Kataoka, R. O. Knuteson, A. Kuze, H. Suto, K. Shiomi, M. Harada, E. M. Garms, J. Roman, D. C. Tobin, J. Taylor, H. E. Revercomb, N. Sekio, R. Higuchi and Y. Mitomi：TIR Spectral Radiance calibration of the GOSAT satellite borne TANSO-FTS with the aircraft-based S-HIS and the ground based S-AERI at the Railroad Valley Desert playa, IEEE Trans. Geosci. Remote Sensing, 52, pp. 89-105, 2014.

31）F. Kataoka, R. O. Knuteson, A. Kuze, K. Shiomi, H. Suto, J. Yoshida, S. Kondo and N. Saitoh：Calibration, Level 1 Processing, and Radiometric Validation for TANSO-FTS TIR on GOSAT, IEEE Trans. Geosci. Remote Sensing, 37, pp.3490-3500, 2019.

5章　月校正

月は満ち欠けによる明るさの変化があるものの，同じ太陽照射条件の下では常に明るさが同じ，すなわち表面の反射率が極めて安定的であることが知られている。月面反射率の安定性は研究者によって見積もりの違いがあるものの，１％の表面状態の変化でさえ数万年以上の時間が必要と考えられており[1]，通常のミッション期間中においては月を反射率の変化しない安定な校正ターゲットとみなすことができる。加えて地球周回軌道上など宇宙空間で行う月観測では，不確かさの要因となる大気やエアロゾルの影響を受けず月の明るさを測定可能である。このような月明るさの安定性および測定時の利点から，月を既知の明るさを持つ校正ターゲットとしてみなし，センサ応答度の校正に役立てる手法を「月校正（lunar calibration）」と呼ぶ。月校正も他の校正方法と同様，打ち上げ前に地上で測定したセンサの応答度を使って月の放射輝度を測定し，それをモデル計算から得られた月の放射輝度の値と比較して得られた比から，センサ応答度変化を知ることが可能となる。

地球を観測するセンサを月に向ける制御を行う場合，衛星が太陽・地球から受ける輻射が変わり全体の熱環境が変化する。そのため月校正の実施にはこの熱環境変化を許容できる衛星設計，あるいは熱環境変化が許容される中での月観測実施の工夫が必要となる。Landsat 8号を始め近年は設計当初から姿勢反転による月観測を織り込むことで定常的な実施を可能にし，毎月という頻度で月観測を行う衛星が登場している。姿勢反転が困難な衛星であっても広い視野を持つセンサであれば，許容される姿勢変更の範囲内で毎月の月観測を実現している例もある（Terra，Aqua衛星搭載のMODIS，MODerate resolution Imaging Spectroradiometer）など）。また気象衛星ひまわりの位置する静止衛星軌道上からは衛星から見て月が地球の後ろを通り過ぎる際に自然と月画像を取得できることから，様々な満ち欠け条件における月観測データが多量に蓄積されている[2]。

月校正の実施は他の校正手法に比べ最近になって本格的な取組みがスタートしたものの，１％にも満たないわずかなセンサ応答度の相対的な時間変化の検知に成功した例（図5.1）も報告される[3],[4]など，高いポテンシャルが示されつつある。気象庁を始め世界の衛星利用機関による実用に向けた取組みが始まっている。加えて原理的に月校正の実施には月を観測するだけでよく，校正を実施したいセンサ以外に特別な機器を要求しないため，近年打ち上げ数が急増している搭載機器の重量やコストに強い制限のある小型衛星に適した校正手法といえる。このような月校正について，本章では可視・近赤外波長領域における実施手順とその不確かさについて述べる。

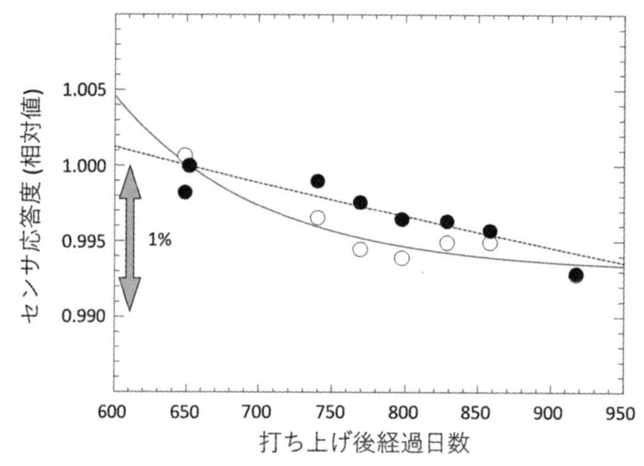

図5.1　小型衛星「ほどよし１号機」に対して実施された月校正から得られたセンサ応答度の時間変化（2016年８月19日の観測を基準とする）[4]。１%に満たないセンサ応答度変化が検出されている。各点は月観測により得らえたセンサ応答度，実線および点線は予想されるセンサ応答度の時間変化を示す。白点，実線はGreenバンド（520-600 nm），黒点，点線はRedバンド（630-690 nm）

5.1　月面反射率モデル

月は反射率が低く暗く見える領域（海）と反射率の高い領域（高地）とが混在し，月明るさの変化には太陽位相角（＝太陽－月－観測者のなす角度，図5.2）への依存性だけでなく，太陽直下点の緯度・経度に対する依存性も存在する。例えば同じ位相角でも，「満ち」のタイミングでは反射率の高い（＝明るい）高地が日照域の比較的広い範囲を占めるため月全体の明るさはやや明るく見え，反射率の低い（＝暗い）海の領域が日照域に広がる「欠け」のタイミングではやや暗くなる。また地球から見える月の範囲が時々刻々と変化する「秤動」と呼ばれる効果も月全体の明るさを数%の大きさで複雑に変化させる（図5.3）。月面反射率モデルにはこれらの効果を内包し，どのような観測条件においても月の明るさを正しく再現することが求められる。

現在提案されている月面反射率モデルとして，月をひとつの光源として扱うDisk integrated model

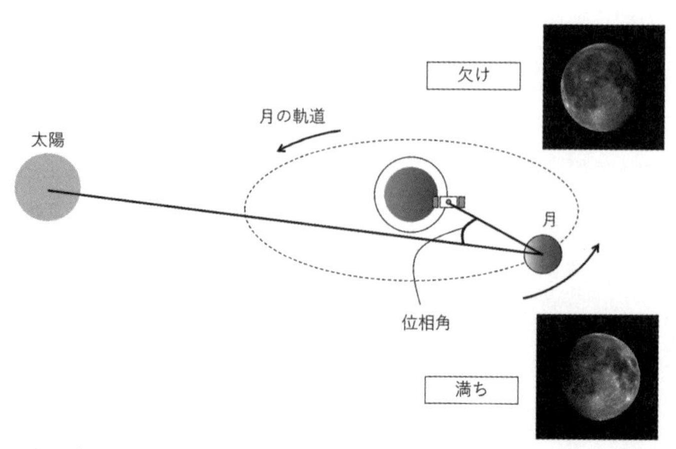

図5.2　位相角定義の概略図と位相角±30°（満ち・欠け）における月の見え方

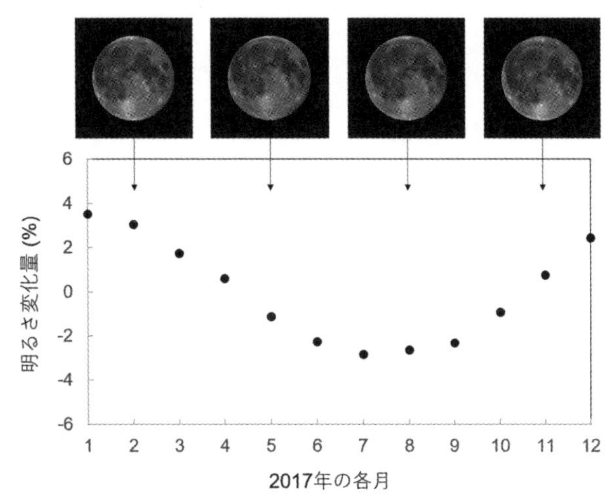

図5.3　秤動効果による月明るさの変化。各点は2017年において位相角が＋7°になるタイミングにおける平均月明るさからの偏差を示す。また合わせてわずかに異なる月の見え方を上段に示す。月明るさはSPモデルにより算出

と呼ばれるものと，月面を地図格子状に分割し，指定した地域の明るさを調べられるDisk resolved modelの２つの種別がある。前者の代表的なものとして地上観測に基づくモデル（観測所Robotic Lunar Observatoryの名前からROLOモデルと呼ばれる）[5)]，およびその実装パッケージGIRO（GISCS Implementation of the ROLO model）がある。後者のモデルとしては日本の月探査衛星「かぐや」に搭載された分光装置「SP（Spectral Profiler）」の観測結果を統合した月面分光反射率モデル（SPモデル）[6)]に基づく手法が提案されている[7)]。

5.2　Disk integrated modelを用いた月校正

Disk integrated modelに基づく月校正では月全体の明るさを積分した分光放射照度（W $m^{-2}\mu m^{-1}$）を使って観測とモデルを比較し，センサ応答度の変化を調査する。まず月観測画像から月全体の分光放射照度は

$$I_k = \frac{1}{f_k}\Omega_p \Sigma_i R_{i,k} \quad \cdots\cdots (1)$$

によって見積もられる。ここでI_kはバンドkにおける月全体の分光放射照度，$R_{i,k}$は各画素（i）での月面の分光放射輝度（W $m^{-2}sr^{-1}\mu m^{-1}$），Ω_pは１画素当たりの立体角を表す。f_kは「Oversampling factor」と呼ばれるパラメータで，１画素に相当する範囲の月面領域を何画素もかけて観測する効果をキャンセルするために用意される。地球観測衛星の運用方式や地球観測衛星搭載のセンサは通常地表面観測に最適化された設定がなされているものの，このような設定は必ずしも月観測にとって最適ではなく，例えばラインセンサなどでは前後のラインで観測領域に重なりが出てしまうことからこのOversampling 効果が生じる。ASTER（Advanced Spaceborne Thermed Emission and Rejlection

Radimeter）取得の月画像で見られたOversamplingの実際の例を図5.4に示す。ASTERは月表面の同一地点をおよそ4.57回反復して観測していたため（つまりOversampling factor = 4.57），画像内の月のシルエットは楕円となる。

次に，モデルによる月の分光放射照度は以下のように見積もられる。

$$I'_k = \frac{1}{f_d} A_k \Omega_M \frac{E_k}{\pi} \quad \cdots\cdots (2)$$

$$f_d = \left(\frac{D_{S\text{-}M}}{1AU}\right)^2 \left(\frac{D_{V\text{-}M}}{384,400\ \mathrm{km}}\right)^2 \quad \cdots\cdots (3)$$

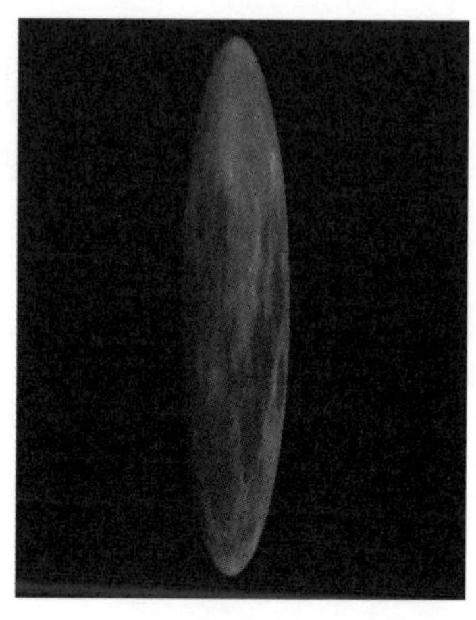
図5.4 ASTERによって取得されたOversampling効果により引き伸ばされて観測される月画像の例

ここでI'_kはバンドkにおけるモデル分光放射照度，A_kは日陰領域も含むモデル化されたディスク全体としての反射率（Disk-equivalent reflectance），Ω_Mは距離384,400 km（地球・月間距離の平均値）から見た月の立体角（=6.4177x10^{-5}sr），E_kは1 AU距離における太陽分光放射照度，f_dは観測実施時の太陽－月間距離（$D_{S\text{-}M}$），および観測者－月間距離（$D_{V\text{-}M}$）の補正項である。

I'_kの信頼性はA_kがいかに正確にモデル化されているかによる。ROLOモデルではA_kをモデル源泉となった地上観測データの解析に基づき，下記のようにしてモデル化している。

$$A_k = \sum_{i=0}^{3} a_{ik} g^i + \sum_{j=1}^{3} b_{jk} \Phi^{2j-1} + c_1\theta_{deg} + c_2\phi_{deg} + c_3\Phi\theta_{deg} + c_4\Phi\phi_{deg} + d_{1k}e^{-g_{deg}/p_1} + d_{2k}e^{-g_{deg}/p_2} + d_{3k}\cos[(g_{deg}-p_3)/p_4] \quad \cdots\cdots (4)$$

ここでg，g_{deg}は位相角絶対値（それぞれradian，degree単位），θ_{deg}およびϕ_{deg}は観測者直下点の月緯度と月経度（degree単位），Φは太陽直下点の月経度（radian単位）であり，A_kの各パラメータへの依存性は係数a_{0k}～a_{3k}，b_{1k}～b_{3k}，c_1～c_4，d_{1k}～d_{3k}，p_1～p_4によって調整される。各バンドにおけるそれぞれの係数はROLOモデルの源泉となった観測データから求められている（付録参照）。ROLOモデルではこのようにして月明るさの太陽位相角絶対値，月面上の太陽直下点経度，観測者直下点緯度・経度依存性を再現しており（図5.5），様々な観測条件に対応できるよう工夫がされている。

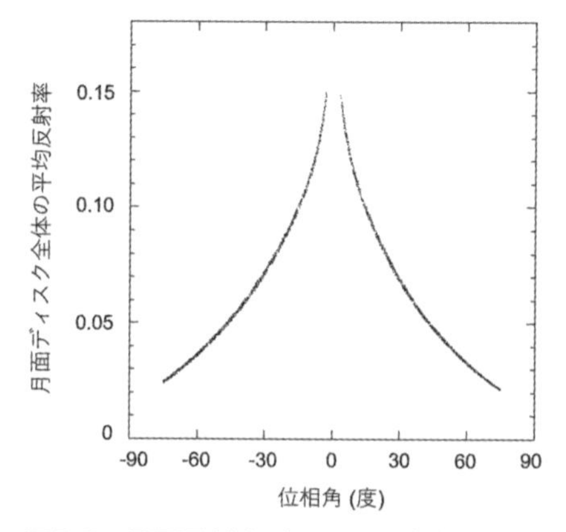

図5.5 月面反射率（ディスク全体の平均反射率）の位相角依存性。各反射率は2001年1月1日から2015年12月31日の地球から見た観測条件をROLOモデル（波長745 nm）にあてはめ導出した。負の位相角は満ちの期間，正の位相角は欠けの期間であることを示す

こうして求めたI_kとI'_kを比較することにより軌道上でのセンサ応答度の変化を調べることができる。注意点として，太陽分光放射照度モデルが持つ不確かさの影響を避けるためA_kを作る際に用いられた太陽分光放射照度モデ

ルをE_kに用いる必要がある。ROLOモデルではWehrliの太陽分光放射照度モデルが用いられている[8]。

最後に，ROLOモデルでは月面を波長350-2,383 nmの間を32のバンドで観測したデータを源泉にモデルの構築がなされている。このモデルそのままを用いた場合，モデルの源泉となった32バンドでのみ月明るさモデル値が出力される。一方で様々なセンサの波長応答関数に対応するためには連続した分光情報が必要となる。そこでROLOモデルでは32バンドの結果を滑らかにつなぎ連続した月面反射スペクトルをモデル化することを目的に，Apollo 16ミッションで持ち帰られた月の土壌，および月の石から測定されたスペクトルを参考に，絶対値をフィッティングによって調整することで連続した分光情報を得ている。具体的には月の土壌Apollo 16 sample 62231のスペクトル[9),10)]を95%，月の石Apollo 16 sample 67445のスペクトル[11)]を5%混合したものを32バンド分光データにフィッティングして得られた反射率スペクトル（図5.6）が利用を提案されている（311gモデルと呼ばれる）。

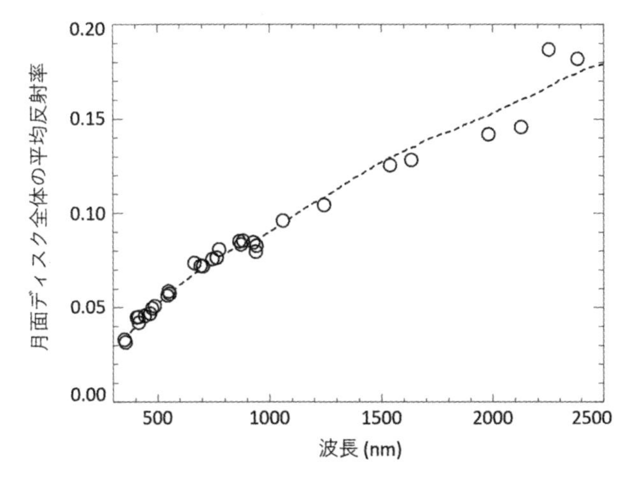

図5.6　Apolloサンプルの反射率スペクトルによるROLOモデルのフィッティング例。各点はROLOモデルで提供されているバンドごとに求めた月面平均反射率，点線はApolloサンプルの反射率スペクトルを（$a+b\lambda$）のファクターをフィッティングして得られた結果。λは波長。2003年4月14日のASTER月観測時ジオメトリに基づく（位相角：27.7°，太陽直下点経度：22.1°，観測者直下点緯度：-6.8°，観測者直下点経度：-5.1°）

このようにして作成された反射率スペクトルをもとに，式（2）の計算により連続した分光放射照度が得られる。ここから改めて月校正の対象とするバンドをkとすると，月校正を適応したいバンドの波長応答関数と掛け合わせ下記のように積分することにより，

$$I'_k=\frac{\int S_k(\lambda)I'_{spec}(\lambda)d\lambda}{\int S_k(\lambda)d\lambda} \quad \cdots\cdots (5)$$

任意のバンドに対して月のモデル分光放射照度を求めることができる。ここでλは波長，I'_{spec}はモデル分光放射照度，S_kは対象バンドの波長応答関数である。またある基準時t_0のセンサ応答度に対して任意の時刻t_1のセンサ応答度変化$d(t_0\rightarrow t_1)$を知りたい場合には

$$d_k(t_0 \to t_1)=\left\{\frac{I_k(t_1)}{I'_k(t_1)}\right\}\Big/\left\{\frac{I_k(t_0)}{I'_k(t_0)}\right\} \quad (6)$$

により見積もることができる。

5.3　Disk resolved modelを用いた月校正

Disk resolved modelに基づく月校正では，着目した月面上の領域における観測とモデルの輝度値比較によってセンサ応答度調査がなされる。このため地域ごとの細かな月面反射率モデルが必要とされ，例えばSPモデルでは緯度経度1°，あるいは0.5°の間隔で月全球を覆う，波長550 nmから1,650 nmまでの連続した分光月面反射率マップが提供されている（図5.7（a））。

分光放射輝度値を比較する際，観測画像からは着目した画素の分光放射輝度値をそのまま用いることができる。このとき着目した画素の月面上緯度経度を（lon,lat）とし，観測波長をλすると，下記のようにしてモデル分光放射輝度値$R'(\lambda,\mathrm{lon},\mathrm{lat})$を得ることができる[6)7)]。

$$R'(\lambda,\mathrm{lon},\mathrm{lat})=r_{\mathrm{sim}}(\lambda,\mathrm{lon},\mathrm{lat},i,e,\alpha)\frac{E(\lambda)}{\pi}\left(\frac{1AU}{D_{\mathrm{S\text{-}M}}}\right)^2 \quad (7)$$

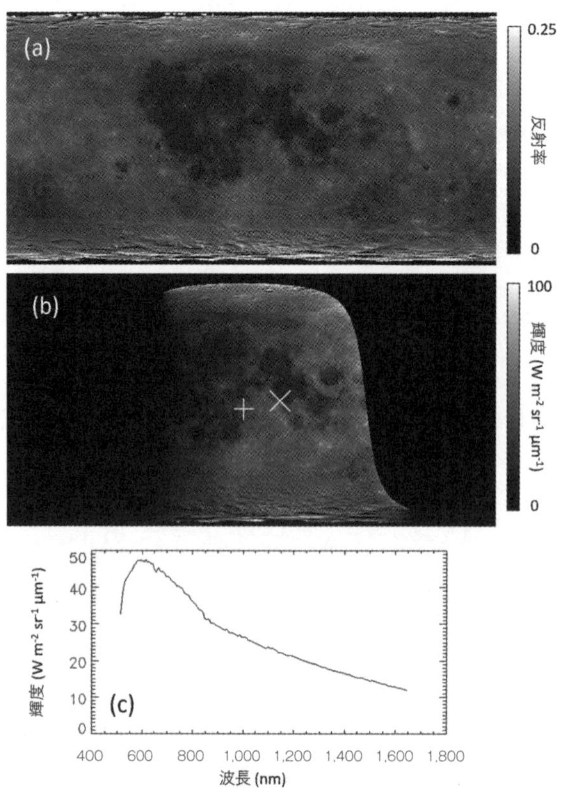

図5.7　(a) SPモデルで提供されている月面反射率マップ（波長752.8 nm)。(b) 2003年4月14日にASTERが月を観測したジオメトリ条件から求めた月面輝度マップ。“×”は月面上での太陽直下点，“+”は観測者直下点（あるいは衛星直下点）位置を示す。(c) 観測者直下点における月面分光放射輝度

$$r_{\mathrm{sim}}(\lambda,\mathrm{lon},\mathrm{lat},i,e,\alpha)=r_{\mathrm{corr}}(\lambda,\mathrm{lon},\mathrm{lat},i_0,e_0,\alpha_0)D(\lambda,i,e,\alpha) \quad (8)$$

ここでi,e,αは指定した地点における観測時入射角，出射角，位相角を示し，r_{sim}は指定した観測条件に対応するRadiance Factorと呼ばれる指標（指定したi,e,αにおける，観測者方向に光を反射する効率），r_{corr}は基準とする観測条件i_0,e_0,α_0におけるRadiance Factor，Dは基準観測条件と実際の観測条件をつなぐ補正項であり，月面でのBRDF効果を表現する項として用意されるものである。SPモデルでは$i_0=30°,e_0=0°,\alpha_0=30°$とし，$D$は下記のようにモデル化されている[6)]。

$$D(\lambda,i,e,\alpha)=\frac{X_{\mathrm{L}}(i,e,\alpha)}{X_{\mathrm{L}}(30°,0°,30°)}\frac{f(\lambda,\alpha)}{f(\lambda,30°)} \quad (9)$$

$$X_{\mathrm{L}}(i,e,\alpha)=2L(\alpha)\frac{\cos i}{\cos i+\cos e}+[1-L(\alpha)]\cos i \quad (10)$$

ここで$L(\alpha)$は周縁減光構造の位相角依存性を表現する係数で，３次の多項式で近似されたものが利用されている。

$$L(\alpha)=1+c_1\alpha+c_2\alpha^2+c_3\alpha^3 \quad (11)$$

各係数はそれぞれ$c_1=-0.019$，$c_2=0.242\times10^{-3}$，$c_3=-1.46\times10^{-6}$とされる[12)]。またfはSPデータ解析から経験的に決定された月面明るさの位相角依存性で

$$f(\lambda,\alpha)=[1+B(\alpha,h_\lambda,B_{0\lambda})]P(\alpha,c_\lambda,g_\lambda) \quad (12)$$

$$B(\alpha,h_\lambda,B_{0\lambda})=\frac{B_{0\lambda}}{1+\tanh(\alpha/2)/h_\lambda} \quad (13)$$

$$P(\alpha,c_\lambda,g_\lambda)=\frac{1-c_\lambda}{2}P_{\mathrm{HG}}(\alpha,g_\lambda)+\frac{1-c_\lambda}{2}P_{\mathrm{HG}}(\alpha,-g_\lambda) \quad (14)$$

$$P_{\mathrm{HG}}(\alpha,g_\lambda)=\frac{1-g_\lambda^2}{(1+g_\lambda^2-2g_\lambda\cos\alpha)^{3/2}} \quad (15)$$

ここで$h_\lambda,B_{0\lambda},c_\lambda,g_\lambda$は各波長におけるモデル係数であり，SPモデルの一部として具体数値が論文にて提供されている[6)]。同様に地図上の各格子点，かつ各波長において３次元データキューブの形でr_{corr}も用意されており，一連の計算を通して任意の波長における月面の輝度値マップを得ることができる（図5.7（b））。

選んだ緯度経度（lon, lat）がちょうど地図格子点と重ならない場合は近隣の地図格子点位置でモデル分光放射輝度値を算出し，線形内挿などにより欲しい地点の輝度値を得ることができる。このような手順を月観測画像のすべての画素に適応することで**図5.8**に示したように月観測を画像として再現可能である。またSPモデルを用いる場合，分光放射輝度を550-1,650 nmの波長帯で連続的に得ることができ（**図5.7（c）**），ROLOモデルと同様に対象とするバンドの波長応答関数と畳み込むことで任

意のバンドの放射輝度としてモデル値が算出できる。画素の数だけ観測とモデルの比較を行うことができ，それらの平均を取ることでセンサ全体の応答度変化も調査することが可能である。

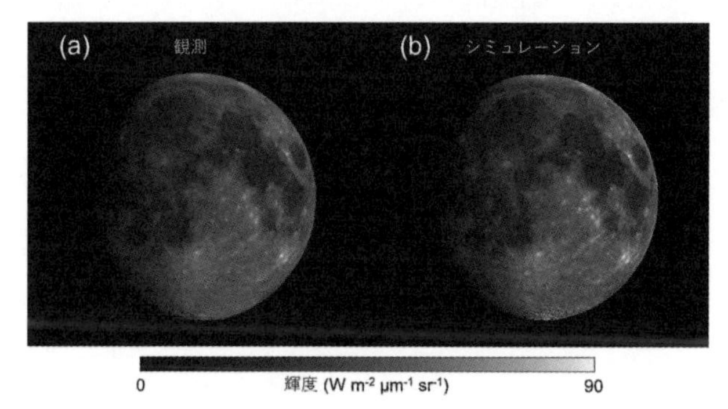

図5.8　(a) ASTERによって取得された月画像例（バンド2）と，(b) その観測時ジオメトリに基づきSPモデルにより作成したシミュレーション画像。ASTERによる観測は2003年4月14日に実施された

SPモデルでは源泉となったデータセットとモデルの再現性の比較から，モデルの利用を入射角60°以内，出射角は45°以内に制限することが推奨されている（SPによる観測が主として直下視条件に限られていることなどから）。Disk resolved modelを用いた月校正では場所によって異なる様々なジオメトリ条件を取り扱うことになるため，源泉となるデータセットの特性を考慮した利用が必要となることに注意したい。

5.4　月校正における不確かさ

月校正結果に不確かさを与える要因は

・モデルが持つ不確かさ

・月観測に起因する不確かさ

の2つに種別できる。モデル自身の持つ不確かさの代表的なものとして，モデルの源泉となった月観測データの絶対値不確かさがある。例えばROLOにおいては恒星のベガを主とした標準星により月明るさの値付けを行ったが[5]，ベガの明るさ絶対値には可視で1.5％，赤外領域で4％の系統的な不確かさがあるといわれる。観測時の大気の影響による不確かさと合わせ，全体として5％から10％の不確かさがあると見積もられている。同様にかぐや/SPによる観測結果には対象の明るさを550 nm付近で30％暗く，近赤外領域では逆に10％明るく見積もる傾向が報告されている[7]。幸いにこの不確かさは月校正実施時においていつも同じ割合で現れ，センサ応答度の相対的な経時変化調査には影響がない。

加えて位相角依存性・秤動効果の再現性に対してもモデルには不確かさがある。位相角依存性に対する不確かさは現在も研究が進められているさなかであり，国際的な月校正議論においては同じ位相角で月画像を取得し続けることが推奨されている。また月表面にあるレゴリス（礫）の後方散乱効果が極端に変化する満月条件（位相角5°以下）を避けることも推奨されている。同様に秤動効果による不確かさの見積もりもまだ研究途上であるが，位相角依存性・秤動効果の再現性による不確かさへの影響は過去の実績から全体として大きくても1％程度に抑えられているといえる。また位相角を揃えた観測においては0.1％の精度でセンサ応答度変化を捉えることも可能である[3]。

5.2章で述べた通り，ROLOモデルは可視・近赤外領域の指定した波長帯（32バンド）における地上望遠鏡によるマルチバンド観測データを源泉とし，そのためモデル作成時と異なる波長帯に対して月校正を実施するためにモデル値の補間を必要とする。ROLOモデルでは，地上望遠鏡によるマルチバンド観測結果に整合するよう，絶対値の調整がなされた月の石（アポロミッションにより収集）の分光測定データをこの補間に用いることが提案されている[4]。しかしながら収集された月の石は月面全体に対して十分な代表性を持つわけではなく，また月面環境と地球上での測定環境の違いによるスペクトル形状が変化する可能性は未だ議論がなされている。これらは月面スペクトルの形に不確かさを与え，モデルの絶対値不確さとして現れると予想されるとともに，位相角依存性・秤動効果の再現性に対する補間の妥当性も調査されるべき点であろう。現在はモデル値の補間に月探査衛星による観測結果を反映する試みも進められている。

続いて月観測に起因する不確かさを述べる。月校正実施手順についての章で紹介した通り，Disk integrated modelを用いた月校正ではOversampling factorによる補正が必要になる。このため月スキャンスピードの妥当性と非一様性が不確かさに影響を与える。これらは各衛星の個性が反映される部分であり，月校正実施時にはセンサだけでなく衛星姿勢制御に関する不確かさを調査する必要があることに注意したい。

Disk resolved modelを用いた月校正では着目した地点を観測とモデルとで正しく対応させられるかの位置合わせに起因する不確かさが存在する。さらにモデルの解像度（地図の格子間隔）より観測画像の解像度が良い場合，地図格子よりも細かな月面反射率の分布が不確かさとして現れる。この2つの効果は分離して議論することが難しいが，ASTER月観測画像の解析から両者の効果を合わせた標準偏差は5％程度にとどまると報告されている[7]。また画素ひとつひとつにおいて独立した応答度調査が行えたと見なせることから，空間分解能とトレードオフする形で統計的にこれらの不確かさを減ずることが可能である。

5.5 月校正の事例と活用

月校正は実験的な実施から定常的な運用まで含め，現在では数多くの衛星で取組みが行われている。定常的な月観測が可能な衛星のうち，低高度周回軌道衛星では約1ヶ月に一度といった頻度で月画像が取得され（Terra，Aqua衛星のMODIS，Landsat 8号など），静止軌道衛星では条件が整えば月に数回，連続した日数で月観測データが取得されている（ひまわり8号など）。ただし位相角条件はそれぞれの衛星が持つ軌道条件・運用の制約により様々で，例えばMODISでは絶対値で50°から55°，Landsat 8号では6°から9°となっている。一方，静止軌道衛星では位相角に制限なく月画像が取得されている。

5.5.1　ASTER/VNIRの事例

ASTERでは機上校正・代替校正・相互校正など様々な手法によりセンサ応答度の時間変化が調査されてきた。しかしながら打ち上げから時間が経つにつれ機上校正を始め応答度時間変化の推定量に大きな不確かさが生じることとなり，得られる放射量にも校正精度に準ずる不確かさが存在する可能性がある。これまで述べてきた通り，月校正は相対的なセンサ応答度変化に対して不確かさの小さな検知手法であり，他の校正手法の結果と合わせることで応答度時間変化の不確かさを抑えられることが期待できる。

ASTERの月観測では地球指向を前提とする衛星本体の姿勢反転が必要となり，観測機会が限定されたことから，月観測は2003年4月と2017年8月の2回のみとなっている。しかしながら2回の観測はセンサ応答度の経時的な相対変化を見るには十分であり，14年間の間に生じていたセンサ応答度変化の調査が行われた。この際位相角依存性の影響を減ずるため，運用の制約の許す範囲で2回目の月観測は1回目の観測とジオメトリ条件がなるべく同一となる日取りが選択された。

図5.8に掲載した通り，ASTERの高い空間分解能により得られた月画像は海と高地など地域によって異なる反射率の違いが作る月面模様を明瞭に識別することができ，Disk integrated model（ROLOモデル）による月校正はもちろん，Disk resolved model（SPモデル）による月校正が可能である。その一例として図5.9では2003年に取得された月画像（バンド1）から画素ごとに実施した輝度値比較の散布図を示す。

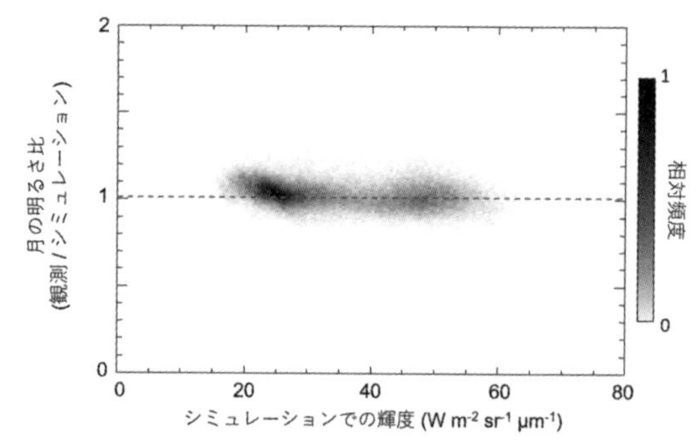

図5.9　図5.7に示した観測，シミュレーション月画像に対して，画素ごとに調査した輝度値比の頻度分布。点線は輝度値比の平均値を示す

観測画像と再現画像は非常に高い相関を示し（0.99以上），また実際図5.9で示したように輝度値比は非常に均一な分布を持っている。このことから相対的な輝度値の再現においてSPモデルは十分な性能を持っているといえる。

このような解析を2003年，2017年両者に実施し，観測値とモデル値の比の平均値が2003年に比べ2017年でどのように変化したか評価した結果を表5.1に記す[13)]（代替校正データに関する見積りは，産総研地質情報グループが取得したデータに対するものである）。この際，SPモデル利用の月校正結果算出においては5.3に示した通り月面上で太陽光入射角が60°，出射角が45°の範囲に限定して平均操作を行った。ASTERの月観測では位相角，および秤動効果を可能な限り揃えられているものの，過少評価を避けるため月校正結果には5.4で述べたモデルが持つと予想される不確かさを与えている。

ROLOモデル，およびSPモデルの両者で月校正結果は整合的である。また機上校正・代替校正とも不確かさの範囲で一致している。一方月校正で得られた測定値は1点だけであるものの，不確かさの

表5.1　2003年から2017年にかけてASTER/VNIRで生じたセンサ応答度低下量のそれぞれの校正手法による見積り（速報値）

2003→2017	機上較正	代替校正	月校正（ROLOモデル）	月校正（SPモデル）
バンド1	10％±9％	4％±7％	3％±1％	3％±1％
バンド2	11％±8％	2％±7％	5％±1％	5％±1％
バンド3N	11％±7％	3％±7％	6％±1％	6％±1％

小さい月校正は2003年から2017年にかけてセンサに生じていた応答度変化を明瞭に示唆している。月校正を定期的に行ってデータ提供できれば，センサ応答度の時間変化推定の信頼度向上に貢献することが期待できる。

5.5.2　GOSATの事例

GOSATでは，JAXAの衛星では初めての試みとなる月校正を，満月時に衛星全体を回転させ地球指向面を月に向けることで実施した。FTS，CAIともに絶対応答度校正は年1回実施する代替校正，月校正は技術実証の目的で，2009年の打ち上げ以来年2回の頻度で行ってきたが，2014年5月の太陽電池パドル片翼回転停止後は，月校正以外の校正手段があることおよび月指向時の衛星熱環境の変化に伴う運用リスクを伴うため中断した。時期は年2回，代替校正前後に実施した。GOSATではFTS，CAIともにDisk integrated modelを用いた月校正を実施している。

FTSは月の半径の約2倍の15.8 mradの単視野を持つため，視野中心に月がくるようにポインティング機構は地心方向に固定したまま，衛星を指向させる。指向精度は，FTS内に搭載した視野確認カメラで評価した（図5.10）。打ち上げ後2年間は校正光量レベルを確保するため満月時に行ったが，その後，月面の反射特性を考慮し位相角7度時に実施した。CAIのバンド1－3は2,048素子のCCDを用いており，瞬時視野角0.75 mrad，視野角1.5 radである。月表面の反射率の面内不均一に起因する誤差を低減するため衛星全体を回転させて月面を走査し，月表面を観測した全素子に関して積分する（図5.11）。

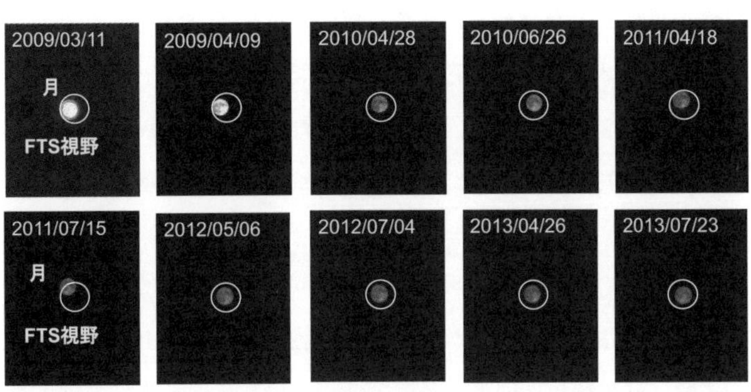

図5.10　GOSAT/FTSに搭載カメラで取得した月とFTS視野（円）の位置関係。2010年までは満月時，2011年より月位相7度とした。2011年7月15日の校正は衛星指向の中心が月中心からずれている

衛星搭載光学センサの中で地球大気を観測する分光放射計は波長幅が狭い分光量を確保するため一般的に視野が大きく月校正時には衛星指向精度およびその確認手段が必要になる。また地球指向を前提に設計されている熱環境に性能が敏感なセンサの温度特性も考慮が必要で，今後のセンサ設計においてはさらなる工夫が必要である。

絶対応答度校正はFTS,CAIともに代替校正で行っているが，代替校正には複数の誤差要因があり，それぞれさらなる低減は難しいことから，今後の月校正は有望な校正手段である。2018年10月に打ち上がったGOSAT-2においては頻度をあげて月校正を実施している。CAI-2に新たに追加された340 nmのバンドは大気の散乱の影響が大きいため，月校正の方が高い校正精度が得られると予想している。

一方GOSAT/FTSは既存のデータベースの誤差が大きい短波長赤外領域の2直線偏光の観測をすることから，偏光情報を含めたデータベースの向上が必要となる。

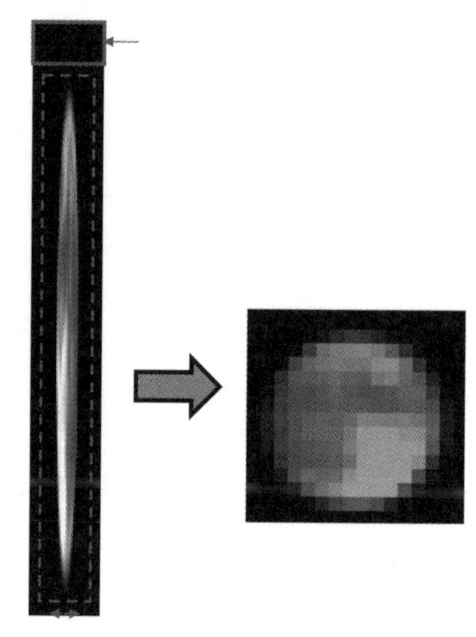

図5.11　GOSAT/CAI月校正例：生データ（左図）とオーバーサンプリング補正後のデータ（右）。月校正前に深宇宙を取得し（太枠部）暗時レベルとして校正データから差し引く

5.5.3　月校正利用の広がり

これまで月校正の活用は各衛星の校正実施者がそれぞれ試行錯誤を行うことが多かったものの，より効率的かつより信頼度を高めることを目標として，利用するモデルの共通化，月観測のノウハウや月観測データの共有を目指す国際連携が始まっている[15)]。また月を介して異なるセンサ間，衛星間の相互校正可能性についての議論が始まるなど月校正の利用範囲が広まりつつある。

月観測の実施は衛星熱設計と姿勢制御に対するインパクトがあるものの，宇宙空間に浮かぶ月を観測するだけでセンサの校正が可能というコストの低さも月校正の注目すべき点として挙げられる。この利点から搭載機器の重量・コストに厳しい制限のある惑星探査衛星や小型衛星に搭載されるセンサへの校正手法として月校正は有力な候補といえる。実際に惑星探査機「はやぶさ2」では月を使ったセンサ応答度調査が行われた[16)]。また小型衛星においては「UNIFORM衛星」や「ほどよし1号機」による月観測が報告されている。特にほどよし1号機では2016年8月からほぼ毎月月観測が実施され（図5.1および図5.12），日本の小型衛星としては先駆けとなる本格的なセンサ応答度変化の調査が始まっている[4),17)]。

5.4で述べた通り，月校正は相対的なセンサ応答度変化の検知に優れた性能を示す一方，絶対値校正に用いる際には大きな不確定性を持っている。月校正の絶対値精度向上の取組みも行われているものの他の校正手法との比較は絶対値精度向上に必要であるといえ，それぞれの校正手法の得意を活かすような相互比較が重要であると考えられる。

図5.12　ほどよし１号機によって取得された月画像観測例（Greenバンド）。オーバーサンプリング効果は補正されている。また月サイズの大きさの違いは各観測時の月までの距離の違いを反映している

付録

表5.2　ROLOモデル係数[5)]

	c_1 (deg^{-1})	c_2 (deg^{-1})	c_3 (deg^{-1} rad^{-1})	c_4 (deg^{-1} rad^{-1})	p_1 (deg)	p_2 (deg)	p_3 (deg)	p_4 (deg)		
	-0.00134	0.000341	0.009591	0.000662	4.06054	12.8802	-30.5858	16.7498		
λ (nm)	a_0	a_1 (rad^{-1})	a_2 (rad^{-2})	a_3 (rad^{-3})	b_1 (rad^{-1})	b_2 (rad^{-3})	b_3 (rad^{-5})	d_1	d_2	d_3
350	-2.67511	-1.78539	0.50612	-0.25578	0.03744	0.00981	-0.00322	0.34185	0.01441	-0.01602
355.1	-2.71924	-1.74298	0.44523	-0.23315	0.03492	0.01142	-0.00383	0.33875	0.01612	-0.00996
405	-2.35754	-1.72134	0.40337	-0.21105	0.03505	0.01043	-0.00341	0.35235	-0.03818	-0.00006
412.3	-2.34185	-1.74337	0.42156	-0.21512	0.03141	0.01364	-0.00472	0.36591	-0.05902	0.0008
414.4	-2.43367	-1.72184	0.436	-0.22675	0.03474	0.01188	-0.00422	0.35558	-0.03247	-0.00503
441.6	-2.31964	-1.72114	0.37286	-0.19304	0.03736	0.01545	-0.00559	0.37935	-0.09562	0.0097
465.8	-2.35085	-1.66538	0.41802	-0.22541	0.04274	0.01127	-0.00439	0.3345	-0.02546	-0.00484
475	-2.28999	-1.6318	0.36193	-0.20381	0.04007	0.01216	-0.00437	0.33024	-0.03131	0.00222
486.9	-2.23351	-1.68573	0.37632	-0.19877	0.03881	0.01566	-0.00555	0.3659	-0.08945	0.00678
544	-2.13864	-1.60613	0.27886	-0.16426	0.03833	0.01189	-0.0039	0.3719	-0.10629	0.01428
549.1	-2.10782	-1.66736	0.41697	-0.22026	0.03451	0.01452	-0.00517	0.36814	-0.09815	0
553.8	-2.12504	-1.6597	0.38409	-0.20655	0.04052	0.01009	-0.00388	0.37206	-0.10745	0.00347
665.1	-1.88914	-1.58096	0.30477	-0.17908	0.04415	0.00983	-0.00389	0.37141	-0.13514	0.01248
693.1	-1.8941	-1.58509	0.2808	-0.16427	0.04429	0.00914	-0.00351	0.39109	-0.17048	0.01754
703.6	-1.92103	-1.60151	0.36924	-0.20567	0.04494	0.00987	-0.00386	0.37155	-0.13989	0.00412
745.3	-1.86896	-1.57522	0.33712	-0.19415	0.03967	0.01318	-0.00464	0.36888	-0.14828	0.00958
763.7	-1.85258	-1.47181	0.14377	-0.11589	0.04435	0.02	-0.00738	0.39126	-0.16957	0.03053
774.8	-1.80271	-1.59357	0.36351	-0.20326	0.0471	0.01196	-0.00476	0.36908	-0.16182	0.0083
865.3	-1.74561	-1.58482	0.35009	-0.19569	0.04142	0.01612	-0.0055	0.392	-0.18837	0.00978
872.6	-1.76779	-1.60345	0.37974	-0.20625	0.04645	0.0117	-0.00424	0.39354	-0.1936	0.00568
882	-1.73011	-1.61156	0.36115	-0.19576	0.04847	0.01065	-0.00404	0.40714	-0.21499	0.01146
928.4	-1.75981	-1.45395	0.1378	-0.11254	0.05	0.01476	-0.00513	0.419	-0.19963	0.0294
939.3	-1.76245	-1.49892	0.07956	-0.07546	0.05461	0.01355	-0.00464	0.47936	-0.29463	0.04706
942.1	-1.66473	-1.61875	0.1463	-0.09216	0.04533	0.0301	-0.01166	0.57275	-0.38204	0.04902
1059.5	-1.59323	-1.71358	0.50599	-0.25178	0.04906	0.03178	-0.01138	0.4816	-0.29486	0.00116
1243.2	-1.53594	-1.55214	0.31479	-0.18178	0.03965	0.03009	-0.01123	0.4904	-0.3097	0.01237
1538.7	-1.33802	-1.46208	0.15784	-0.11712	0.04674	0.01471	-0.00656	0.53831	-0.38432	0.03473
1633.6	-1.34567	-1.46057	0.23813	-0.15494	0.03883	0.0228	-0.00877	0.54393	-0.37182	0.01845
1981.5	-1.26203	-1.25138	-0.06569	-0.04005	0.04157	0.02036	-0.00772	0.49099	-0.36092	0.04707
2126.3	-1.18946	-2.55069	2.10026	-0.87285	0.03819	-0.00685	-0.002	0.29239	-0.34784	-0.13444
2250.9	-1.04232	-1.46809	0.43817	-0.24632	0.04893	0.00617	-0.00259	0.38154	-0.28937	-0.0111
2383.6	-1.08403	-1.31032	0.20323	-0.15863	0.05955	-0.0094	0.00083	0.36134	-0.28408	0.0101

謝辞

月画像掲載に関わる観測データはASTER Science Team，株式会社アクセルスペースにご提供いただきました。またSPモデルにはJAXAにより公開されているSELENE/SPデータを源泉データとして利用しています。ほどよし1号機およびこれに関連する研究は，総合科学技術会議により制度設計された最先端研究開発支援プログラムにより，日本学術振興会を通して助成されたものです。

引用文献

1）H. H. Kieffer：Photometric stability of the lunar surface, *Icarus*, 130, pp. 323–327, 1997

2）M. Takahashi, and A. Okumura：Visible channel calibration of JMA's geostationary satellites using the Moon images, The Sixth Asia/Oceania Meteorological Satellite Users' Conference, P08, 2015.

3）R. E. Eplee, Jr., R. A. Barnes, F. S. Patt, , G. Meister, and C. R. McClain：SeaWiFS lunar calibration methodology after six years on orbit, Proc. SPIE—Earth Observing Systems IX, 5542, 1-13, 2004.

4）T. Kouyama, R. Nakamura, S. Kato, N. Miyashita：One-year Lunar Calibration Result of Hodoyoshi-1, Moon as an Ideal Target for Small Satellite Radiometric Calibration, Proc. 32nd Annual AIAA/USU Conference on Small Satellite, SSC18-III-04, 2018.

5）H.H. Kieffer and T.C. Stone：The spectral irradiance of the Moon, *Astron. J.*, 129, pp. 2887-2901, 2005.

6）Y. Yokota, T. Matsunaga, M. Ohtake, J. Haruyama, R. Nakamura, S, Yamamoto, Y. Ogawa, T. Morota, C. Honda, K. Saiki, K. Nagasawa, K. Kitazato, S. Sasaki, A, Iwasaki, H. Demura, N. Hirata, T. Hiroi, R. Honda, Y. Iijima, and H. Mizutani：Lunar photometric properties at wavelengths 0.5-1.6μm acquired by SELENE Spectral Profiler and their dependency on local albedo and latitudinal zones, *Icarus*, 215, 639-660, 2011.

7）T. Kouyama, Y. Yokota, Y. Ishihara, R. Nakamura, S. Yamamoto and T. Matsunaga：Development of an application scheme for the SELENE/SP lunar reflectance model for radiometric calibration of hyperspectral and multispectral Sensors, *Planet. Space Sci.*214, pp. 76-83, 2016.

8）C. Wehrli：Spectral Solar Irradiance Data（WMO ITD 149; Geneva:WMO）, 1986.

9）C. M. Pieters：The Moon as a Spectral Calibration Standard Enabled by Lunar Samples: The Clementine Example, Workshop on New Views of the Moon II: Understanding the Moon Through the Integration of Diverse Datasets, September 22-24, 1999, Flagstaff, Arizona, 8025.

10）http://www.planetary.brown.edu/relabdocs/LSCCsoil.html

11）C. M. Pieters and J. F. Mustard：Exploration of Crustal/Mantle Materialfor the Earth and Moon Using Reflectance Spectroscopy, *Remote Sensing of Environment*, 24, 151-178, 1988.

12) A. McEwen：A precise lunar photometric function (abstract). LunarPlanet. Sci. XXVII,841-842, 1996.

13) 神山徹，加藤創史，菊池雅邦，佐久間史洋：14年越しに実施されたASTER月観測に基づく月校正初期解析結果,第63回（平成29年度秋季）学術講演会予稿集, 2017.

14) K. Obata, S. Tsuchida, and K. Iwao：Inter-Band Radiometric Comparison and Calibration of ASTERVisible and Near-Infrared Bands, *Remote Sens*., 7, 15140-15160, 2015.

15) S. C. Wagner, T. Hewison, T. Stone, S. Lachérade, B. Fougnie, X. Xiong：A summary of the joint GSICS – CEOS/IVOS lunar calibration workshop: moving towards intercalibration using the Moon as a transfer target, Proc. SPIE 9639, Sensors, Systems, and Next-Generation Satellites XIX, 96390Z (October 12, 2015); doi:10.1117/12.2193161

16) H. Suzuki, M. Yamada, T. Kouyama, E. Tatsumi, S. Kameda, R. Honda, H. Sawada, N. Ogawa, T. Morota, C. Honda, N. Sakatani, M. Hayakawa, Y. Yokota, Y. Yamamoto, and S. Sugita：Initial inflight calibration for Hayabusa2 optical navigation camera (ONC) for science observations of asteroid Ryugu, *Icarus*, 300, 341-359, 2018.

17) T. Kouyama, R. Nakamura, S. Kato, M. Kimura：Moon observations for small satellite radiometric calibration, Proc. 2017 IEEE International Geoscience and Remote Sensing Symposium (IGARSS), Fort Worth, TX, pp. 3529-3532, 2017.

6章　軌道上相互校正

軌道上相互校正とは，軌道上にある複数のセンサで同一の地表ターゲットを観測して，センサ間で分光応答度を比較し，相互に校正しあうことをいう。その目的は，（1）複数のセンサを併用してデータ解析する際にセンサ間で放射輝度の基準を合わせること，および，（2）当該センサの絶対放射輝度校正精度をそれがより高いとされるセンサの校正精度に近づけることである。（1）は時空間的に補完して複数センサのデータを解析する場合，センサの放射輝度間に系統的な偏差があると解析に支障をきたすため，これを回避する目的で実施される。また，（2）は，搭載する校正システムがない，または，あったとしても校正精度が低いセンサに対し，校正精度がより高いとされるセンサを媒介として校正精度を高める目的で実施される。

6.1　軌道上相互校正の原理

相互校正では異なるセンサに同一の地表ターゲットを観測させ，センサの応答を相互に比較した上で，センサ間で応答度の整合性を調べる。相互校正係数（cross-calibration coefficient）とは，比較の対象とするセンサの応答度に基づいて当該センサの応答度を校正した場合のRCCのことをいう。それが当該センサ自身の応答度に近いほどセンサ間の整合性は高いといえる。

相互校正は関係するセンサの観測波長帯がある程度オーバーラップしている場合に精度良く行うことができる。また，観測時刻は相互校正の精度の点からは，同一（すなわち同時）であることが望ましい。また，さらに太陽反射領域の場合ターゲットサイトは，分光反射率の空間的均一性が高く，分光反射率の波長分布が比較的平坦であることが望ましい。このため，ターゲットサイトには大気の影響が少なく光学的厚さの薄い（高地の砂漠のような）広域サイトが選ばれることが多い。

センサが同一の衛星に搭載されている場合は，地表ターゲットの観測時刻，地表面分光反射率および大気の状態は同一であるので高い相互校正精度が期待される。しかしながら，この場合でも，地表面分光反射率の不均一性と大気による放射の吸収・散乱の影響は観測波長域および瞬時視野の相違により異なるのでこれらを適切に考慮して補正しなければならない。一方，異なる衛星に搭載されているセンサの相互校正は，観測波長帯および瞬時視野の相違に加えて観測時刻の相違による地表面の分光放射特性および大気の状態の相違も考慮しなければならない。

同一の衛星に搭載されたセンサ間の相互校正事例としては，1990年代のADEOS衛星のAVNIRとOCTSがある[1,2]。またTerra衛星のASTER/VNIRとMODISの相互校正が行われている[3]。これらの事例は高分解能センサと中分解能センサの相互校正であり，瞬時視野が互いに大きく異なる例である。

一，方異なる衛星に搭載されたセンサ間の相互校正事例としては，大気中の二酸化炭素の濃度を観測するGOSAT衛星搭載のFTSとOCO-2の相互校正[4]などが行われている。これらのセンサの相互校正は，それぞれフーリエ式分光方式と分散式分光方式という異なる分光方式を取っている点に特徴がある。

また，異なる衛星に搭載されたセンサ間の相互校正事例としてはLandsat 7号のETM＋とLandsat 8号のOLIがある[5]。どちらもフィルター分光方式であり，観測波長帯と瞬時視野がほぼ同じ２つのセンサの相互校正である。

以下にそれぞれの相互校正の事例を紹介する。

6.2　同一衛星内での相互校正

本節では相互校正の事例を，Terra衛星に搭載されたASTER/VNIRとMODISとの相互校正を例にして述べる。これらのセンサは瞬時視野が異なるものの，**表6.1**に示すように，ほぼ同じ観測波長帯（赤バンドと近赤外バンド）を有している。ASTER/VNIRとMODISの対応するバンドの分光応答特性を**図6.1**に示す。ASTER/VNIRが－の実線で，MODISが×の実線である。図には参考のために他のセンサの分光応答特性も合わせて示してある。

表6.1　ASTER/VNIRとMODISの瞬時視野と観測波長帯

	ASTER/VNIR	MODIS
瞬時視野（m）	15	250
緑バンド（μm）	0.52-0.6	なし
赤バンド（μm）	0.63-0.69	0.62-0.67
近赤外バンド（μm）	0.76-0.86	0.84-0.87

6.2.1　TerraのASTER/VNIRとMODIS（事例その１）

この項ではTerra搭載のMODISを基準としたASTER/VNIRバンドの相互校正の事例[3]について紹介する。センサ設計仕様（分光応答特性および瞬時視野角等）の違いによる不確かさの影響をできる限り低減させるアプローチを用いており，最終的にはASTER/VNIRバンド応答度の経年劣化を示す相互校正係数の一次データを求めている。本事例の結果はASTER放射量校正に係る検討やMODIS放射量プロダクトとの一貫性の向上に貢献し得るものである。

(1)　対象領域・使用データ

米国ネバダ州に位置する約15 km四方の乾燥湖であるRailroad Valleyをテストサイトに利用した。地表面は粘土質で比較的均質・広大である。晴天率が高く，標高約1.5 kmの場所に位置することもありエアロゾルの影響が少ない。これらの条件は相互校正に適しており，地球観測衛星委員会/可視赤外センササブグループ（CEOS/IVOS）ではRailroad Valleyを放射量校正（特に代替校正）のための標

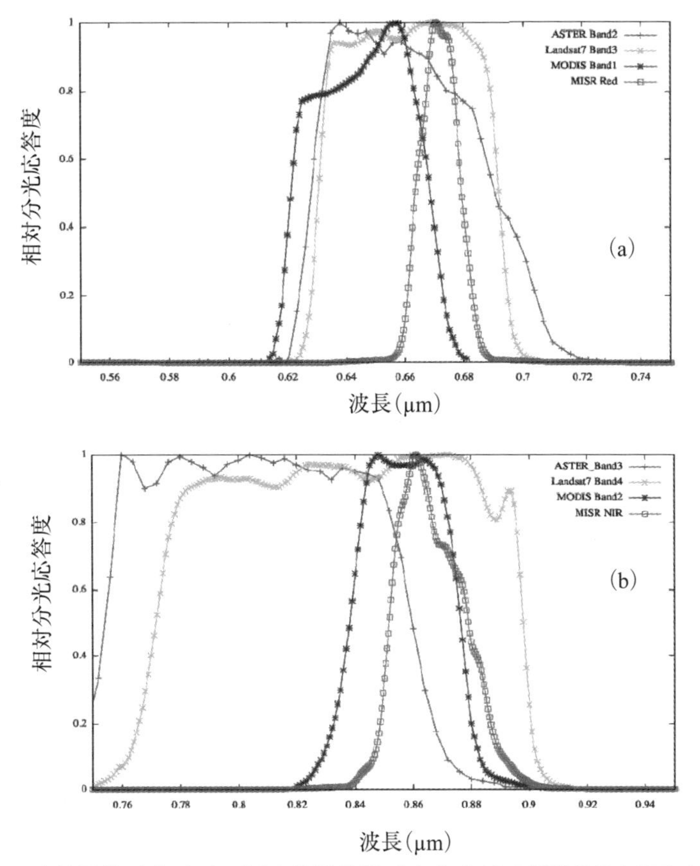

図6.1 赤波長帯（a）および近赤外波長帯（b）における相対分光応答度の相違

準サイトのひとつに指定している。対象領域にはASTERの代替校正が行われてきた場所での任意の点（N 38.50486/W 115.69041）を中心とした1 km（アロングトラック方向）× 2 km（クロストラック方向）の領域を採用した。

ASTERデータには産業技術総合研究所地質情報研究部門から取得可能なASTER-VA（放射量補正・オルソ補正済み）の放射輝度プロダクト[6]を，MODISデータにはNASA LAADSから取得可能なMOD021KM Collection 6（1 km分解能，放射量補正済み）の反射率プロダクト，MOD03Collection 6（1 km分解能）の位置情報・角度情報[7]を利用した。

⑵ 相互校正方法

MODISを基準としたASTER/VNIRの相互校正では，まず2つのセンサによる対象領域の同時観測データ（シーンの対）を収集し，それぞれのシーンの対を用いてセンサ間で分光応答特性が最も近いバンド同士を比較することになる。ASTERバンド1，2および3Nに対応するMODISバンドはバンド4，1および2である。相互校正の手順は，各シーンの対に対して1）スペクトルバンド調整，2）画素重ね合わせ，3）相互校正係数の一次データの算出を行う。その後4）時系列の相互校正係数の一次データを用いて経年劣化曲線を導出する。本事例では時系列の相互校正係数の一次データの算出まで記述し，一次データを使った経年劣化曲線の導出までは記述しない。また一般的にはセンサ間における観測幾何条件（太陽天頂角・方位角，センサ視野天頂角・方位角）の違いと地表面の双方向反射率分布関数の相互作用による大気上端放射輝度の系統的な差の影響があるが，ASTER/VNIRとMODISは同一プラットフォームに搭載されていることからその影響は無視できるものとする。

相互校正で比較対象となるバンド間の分光応答特性は必ずしも一致していない。そのため，分光応答特性の差異と大気および地表面に係る分光反射率スペクトル等の相互作用によりバンド間で大気上端放射輝度または反射率に系統的な差が生じる。スペクトルバンド調整はその影響を低減するために行われる。今回の場合，MODISによる大気上端分光反射率の観測値をスペクトルバンド調整によってASTERと互換性のある（あたかもASTERの分光応答特性で得られたような）大気上端分光反射率に変換する。その概略を図6.2に示す。

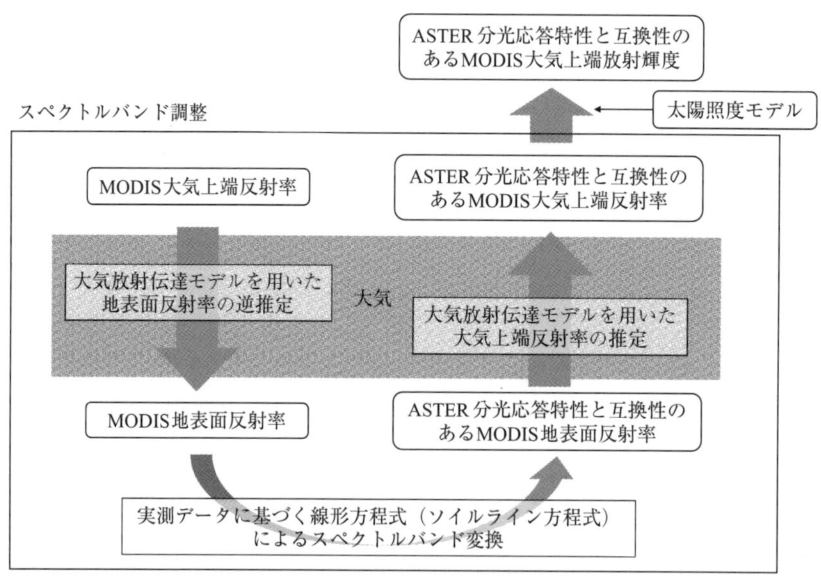

図6.2　MODISが基準となるASTER/VNIRバンドの相互校正におけるスペクトルバンド調整の概略

まず対象領域の中心座標に最も近いMODISの画素を抽出する。その画素におけるMODISの分光反射率を用いて大気放射伝達モデルの逆算（6Sコード[8]）に基づく地表面反射率の逆推定を行う。6Sコードの利用時においてエアロゾルの粒径分布にはJungeパラメータを含む「べき乗分布(power-law distribution)[8]」を用いる。入力となる550 nmでのエアロゾルの光学的厚さ，Jungeパラメータ，水蒸気量（g/cm^2），オゾン量（ドブソン単位）はRailroad Valleyに設置されたAERONETのCIMELサンフォトメータ観測結果に基づくプロダクト[9]や地球観測センサTOMSやOMIによるオゾンに係るプロダクト[10]をもとに得られた値を利用する。その後ASTER-MODIS間における地表面反射率の関係を表す一次式（ソイルライン方程式）により，MODIS地表面反射率をASTERと互換性のある地表面反射率に変換する。この時に利用するソイルライン方程式は現地（Railroad Valley）で地上測器により測定した地表面分光反射係数（1 nm分解能）の時系列データアーカイブと分光応答特性データを使って数値実験により導かれたものである。最後に，ASTERと互換性のあるMODISの地表面反射率およびASTERの分光応答特性データを入力として，６Ｓコードにより大気上端の反射率に変換，さらにはMODISで標準とされている大気圏外太陽照度モデルのスペクトルデータとASTER分光応答特性データを用いて放射輝度を計算する（６Ｓコードによる計算の中で行われる）。こうして求めた値を分光応答に関してASTERと互換性のあるMODISの放射輝度，$\hat{L}_{\mathrm{m,b,i}}$と呼ぶ（mはMODIS，bはバンド，iはASTER・MODISデータ対の識別番号を表す）。

センサ間の観測結果を比較する際，地表面の状態が完全に均一ではないことから観測結果の空間方向における特徴の違いも問題となる。MODISデータの空間解像度が１kmであるのに対し，ASTER/VNIRは15ｍである。そこでASTERデータの空間解像度を落としてMODISに合わせること（画素の重ね合わせ）を考える。１km分解能であるMODISデータの１画素は，センサの特徴から実際には１km（アロングトラック方向）×２km（クロストラック方向）の領域を観測した値を格納しており，空間応答特性はアロングトラック方向に矩形，クロストラック方向に三角形である[11]。本事例では先に抽出されたMODIS画素の観測範囲に対応するASTER放射輝度データ（約１km×２km）を抽出し，MODISの点拡がり関数を利用してASTERデータを空間方向に畳み込み，空間的にMODISと互換性のあるASTER放射輝度，$\bar{L}_{\mathrm{a,b,i}}$を計算する（aはASTERを表す）。

$\hat{L}_{\mathrm{m,b,i}}$（スペクトルバンド調整後のMODIS放射輝度）と$\bar{L}_{\mathrm{a,b,i}}$（空間方向に畳み込んだASTER放射輝度）を利用して相互校正係数の一次データ（$RCC_{\mathrm{cross,b},t_i}$）を計算する（$RCC$はRadiometric Calibration Coefficient，$cross$は相互校正，t_iはi番目のデータ対の日付（ASTER打ち上げ後の経過日数）を表す）。$\hat{L}_{\mathrm{m,b,i}}$と$\bar{L}_{\mathrm{a,b,i}}$の比に係数$RCC_{\mathrm{ver4,b}}(t_i)$を乗ずることによって$RCC_{\mathrm{cross,b},t_i}$が得られる（ver4はASTER/VNIRのラジオメトリックDatabase（DB）バージョン４を表す）。2018年９月の時点でVNIRバンドのラジオメトリックDB最新バージョンは４である。

$$RCC_{\mathrm{cross,b,t_i}}=RCC_{ver4,b}(t_i)\cdot\bar{L}_{\mathrm{a,b,i}}/\hat{L}_{\mathrm{m,b,i}} \quad \cdots\cdots (1)$$

$RCC_{\mathrm{ver4,b}}(t_i)$を$\bar{L}_{\mathrm{a,b,i}}$に乗ずる理由は経年劣化補正を施していない状態のASTER放射輝度を求めるためである。

(3)　結果

図6.3に相互校正係数の一次データ，代替校正係数の一次データおよび機上校正データをASTER打ち上げ後の経過日数に対してプロットした結果を示す（なお代替校正係数の一次データには，産業技術総合研究所が取得したデータを示している）。機上校正データの時間分解能（＜50日）は他２つの校正手法より相対的に高いことから実線で示している。代替校正および機上校正データは，ラジオメトリックDBバージョン４において校正係数を算出するために参考としているデータである。結果から，相互校正係数の一次データのバラツキは代替校正係数の一次データのバラツキより小さいことがわかる。これは不確かさの偶然成分が小さいことを示している。また，いずれのバンドにおいても打ち上げ後徐々に応答度が減少し，2008年頃からはあまり変化が見られないことがわかる。バンド１と２において打ち上げ後約５年は，相互校正係数の一次データは代替校正係数一次データと同様な傾向

を示すが，その後2005年から2010年頃までは異なる傾向を示す。違いの原因は主に各校正手法に内在する不確かさの影響であると考えられる。例えば，代替校正では地表面分光反射係数計測のために利用する白色標準拡散板の校正不確かさや太陽照度モデルの不確かさが大きく影響する[12)]。

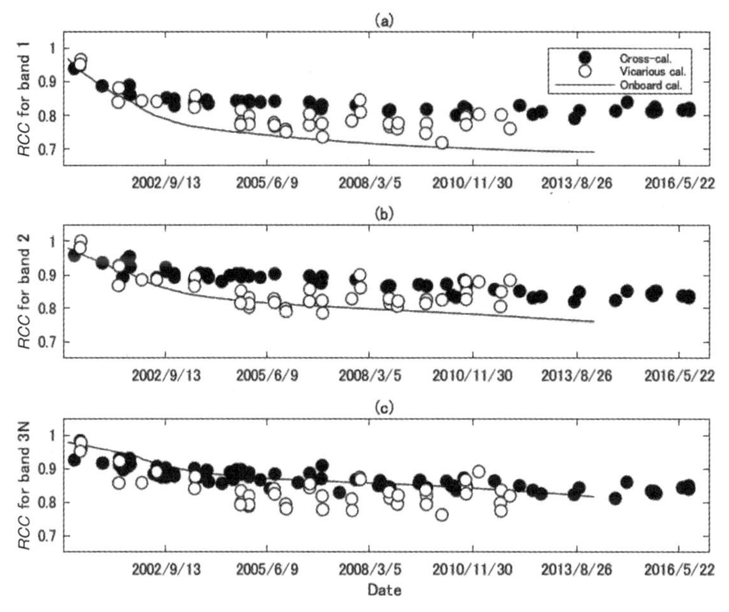

図6.3　ASTER/VNIRバンドの相互校正係数の一次データ（Cross-cal.），代替校正係数の一次データ（Vicarious cal.）および機上校正データ（Onboard cal.）[3)]。

機上校正係数と相互校正係数の一次データの間には，特にバンド１と２において比較的大きな違いが見られる。例えば，バンド１の場合，打ち上げ２，３年後以降に相互校正係数の一次データは低下が緩やかになる一方，機上校正データは低下が継続する傾向を示している。バンド３Ｎにおいては機上校正データと相互校正係数の一次データは比較的よく一致している。

なお，ラジオメトリックDBバージョン４に基づくASTER放射輝度の基準とMODIS Collection 6による放射輝度の基準の一致度を比較するため，スペクトルバンド調整と画素重ね合わせ後の各センサ放射輝度に関する相対誤差（$[(\bar{L}_{a,b,i}-\hat{L}_{m,b,i})/\hat{L}_{m,b,i}]\times 100$）の平均値を計算したところ，バンド１，２および３Ｎにおいて3.9％，3.6％および0.6％であった。

⑷　不確かさ評価

MODISの反射率プロダクトを基準としたASTER放射輝度の相互校正においては，結果に影響する不確かさの要因が複数想定される。その要因には，MODISの校正不確かさ，スペクトルバンド調整における大気放射伝達モデルの入力値の不確かさおよび土壌反射率スペクトル特性の違い，画素重ね合わせにおける幾何精度の影響，大気圏外太陽照度モデルの不確かさが含まれる。要因ごとの不確かさを定量的に評価し[3)]，それにもとづき算出したRailroad Valleyでの相互校正における総合的な不確かさ（エラーバジェット表）を表6.2に示す。

基準センサとなるMODIS太陽反射領域の反射率における校正不確かさはいずれのバンドも2.0％

程度と考えられる[13]。スペクトルバンド調整を行う際には大気放射伝達モデルの入力値（エアロゾルの光学的厚さ，水蒸気量およびオゾン量等）が必要になる。入力値に含まれる不確かさの影響をシミュレーションにより見積もったところ，バンド1，2および3でそれぞれ0.12 %，0.14 %および0.81 %であった。スペクトルバンド調整に利用するソイルライン方程式の係数は固定であることを前提としている。しかし，実際には風雨による地表面成分・状態の時系列変化等により最適な係数が時間変化する可能性がある。実測データに基づくシミュレーション結果から，各バンドで0.61 %，0.60 %および1.32 %の不確かさがあると推測した。画素の重ね合わせ時に生じる不確かさの要因は，主にASTER-MODIS間における相対的な位置ずれによる影響である。ASTERの幾何精度が50 m未満[14]，MODISの幾何精度が45 m未満[15]であることを考慮してシミュレーションしたところ，その影響は各バンドで0.33 %，0.33 %および0.30 %であった。対象領域は地表面の状態が比較的均一であることからその影響は極めて小さい。大気圏外太陽照度モデルにはMODISで標準とされているThuillierとNickel and Labsのデータを利用しており，文献に示された不確かさ[16,17]とシミュレーション結果から各バンドそれぞれ1.96 %，1.71 %および2.05 %と見積もった。RSS（Root Sum of Squares）による合成標準不確かさは各バンドそれぞれ2.9 %，2.7 %および3.3 %であった。相互校正により得られる一次係数データは表6.2のRSSに示した不確かさの範囲内でMODISの校正標準（NIST Reflectance Standards）[13]にトレーサブルであるといえる。

(3)で述べたようにラジオメトリックDBバージョン4に基づくASTER/VNIR放射輝度の基準とMODIS Collection 6による放射輝度の基準には，バンド1，2および3Nにおいて平均で3.9%，3.6%および0.6 %の偏差が認められた。しかしながら，ASTER/VNIRの基準自体に5 %程度の不確かさがあると考えられること，また相互校正にも前記のように3 %程度の不確かさがあることから，ASTER/VNIR放射輝度の基準はMODISの基準と不確かさの範囲内でよく一致しているということができる。

一方で，ASTER/VNIRバンドを基準にしてMODISバンドの校正を行うケースも考えられる。その際には表6.2における1行目のASTERの各バンドを波長応答特性の対応するMODISバンドと入れ替え，No.1の基準センサの校正不確かさをASTER/VNIRバンドの校正不確かさに書き換える必要があ

表6.2 MODISを基準としたASTER/VNIRバンドの相互校正におけるエラーバジェット表。ASTERバンド1，バンド2およびバンド3Nでの不確かさを%で示す

No.	要因	バンド1	バンド2	バンド3N
1	基準センサ（MODIS）の校正不確かさ	2	2	2
2	スペクトルバンド調整における大気放射伝達モデル入力値の不確かさ	0.12	0.14	0.81
3	スペクトルバンド調整における土壌反射率スペクトル特性変化	0.61	0.6	1.32
4	画素重ね合わせにおける幾何精度の影響	0.33	0.33	0.3
5	大気圏外太陽照度モデルの不確かさ	1.96	1.71	2.05
	RSS	2.9	2.7	3.3

る。No.2，No.3およびNo.5の項目も再実験による見積もりを行う必要があるが，大きくは変わらないと考えられる。

(5) まとめ

本事例では，センサ間の設計仕様差による影響を低減するアルゴリズムを用いてMODISを基準としたASTER/VNIRの相互校正に関する研究[3)]を中心に紹介した。導出した相互校正一次係数は図6.3で示した通り他の校正手法による結果との比較や，必要な場合にはバンドごとの経年劣化曲線の係数を更新するために利用されるものである。経年劣化曲線はASTERが観測したデータの放射量補正処理時に利用される。

放射量に関する相互校正の特徴は，異なるセンサ間で校正係数を補正して同一の放射輝度の基準に近づけること，または想定される不確かさの範囲内で異なるセンサの放射輝度の基準の一致度を確認することである。複数センサのデータを複合的に利用するユーザの観点から考えると，プロダクト提供側が持つラジオメトリック校正係数の情報が利用できないことがあるため，配布されている放射輝度プロダクトのみから放射輝度の基準に関して整合性のある複数センサの放射輝度プロダクトを作成できるようにすることも重要である。例えば，ASTER/VNIRのユーザがMODISも併せて複合的な解析を行う場合，提供されている各センサのプロダクトのみからMODIS放射輝度の基準をASTER/VNIRに合わせる必要がある。その方法論については今後の課題である。

今後は宇宙先進国を中心に政府系の地球観測衛星に加え，産業界からの多数の小型・超小型地球観測衛星による衛星コンステレーションが実現すると予想され，複数センサからのデータを利用したアプリケーションが増加する可能性がある。その際，ユーザに提供される反射率または放射輝度プロダクトではセンサ間で校正精度に関する一貫性が保たれていることが望ましく，相互校正の重要性は今後益々高まると考えられる。

6.2.2　TerraのASTER/VNIRとMODIS（事例その2）

新井の提案する方法[18)]では，代替校正のためのフィールドキャンペーンを実施した時刻と場所において同時搭載した複数のセンサの観測データを比較することにより相互校正係数を算出する。例えば，図6.4 (a) と (b) は2011年8月22日における米国カリフォルニア州Ivanpah Playaにおける大気光学的厚さおよび地表面分光反射率を示す（参考までにAlkali LakeとRailroad Valleyの分光反射率も合わせて示す）。これらと各センサの分光応答度との積を波長積分し，センサの応答を比較して相互校正係数を求める。

MODISの応答度を基準にして得られたASTER/VNIRの相互校正係数の一次データとその回帰曲線を赤バンドと近赤外バンドに対して図6.5に示す[18)]。下方の実線が赤バンドの回帰曲線であり，上方の実線が近赤外バンドの回帰曲線である。回帰曲線の標準不確かさの偶然成分は，それぞれ0.089，および0.10である。

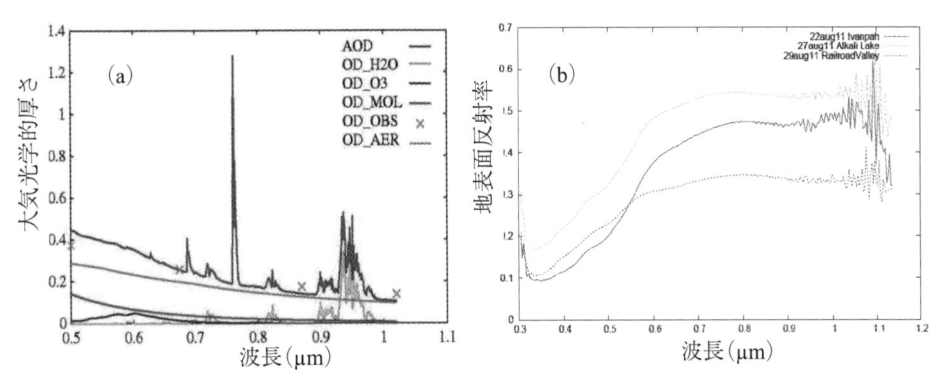

図6.4　Ivanpah Playaにおけるフィールドキャンペーンにおいて取得した大気光学的厚さと地表面反射率

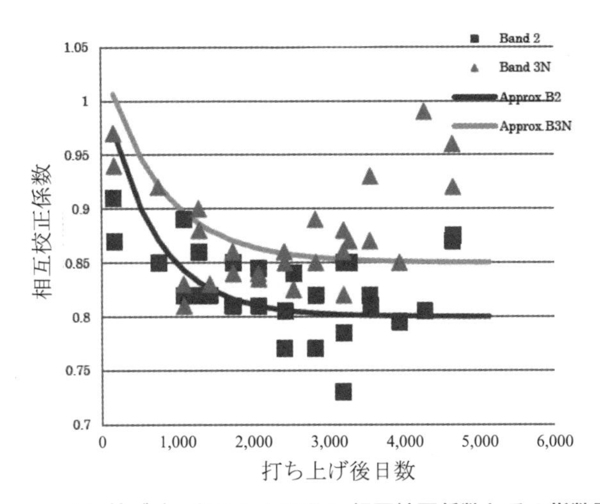

図6.5　MODISデータに基づくASTER/VNIRの相互校正係数とその指数関数による近似

(1)　相互校正の不確かさ評価

相互校正の精度に関しては，不確かさのバジェット解析，相互校正における大気の影響の要因分析，バンド間比較による精度評価などが行われている[3,19,20,21]。

MODISを基準にしたASTER/VNIRの相互校正の不確かさを表6.3のバジェット表に示す[18]。表から分かるように，対象センサであるMODISの代替校正データの不確かさ（偶然成分）4.1%が支配的であり，それに画素位置合わせに伴う不確かさおよび分光応答度特性の相違に基づく不確かさを合成して全体の不確かさは4.9%と評価されている。

図6.5に示したように，相互校正係数の回帰曲線の標準不確かさ（偶然成分）は赤バンドで0.089，近赤外バンドで0.10である。一方，ASTER/VNIRの代替校正の回帰曲線の標準不確かさ（偶然成分）は，バンド2と3Nでいずれも0.007であったことを考慮すると，相互校正係数の一次データのバラツキは代替校正のそれよりもかなり大きいことが分かる。また，後述の7.4.4の統合解析で得られたASTER/VNIRの*RCC*の全平均回帰曲線の標準不確かさが0.03から0.04であること（図7.6参照）と比べても図6.5の相互校正係数の不確かさは大きくなっている。なお，図6.5に示した相互校正係数の回帰曲線は，統合解析した図7.6の全平均回帰曲線とは不確かさの範囲で一致している。

表6.3　MODISデータに基づくASTER/VNIRの相互校正係数の誤差解析

誤差要因	誤差発生源	不確かさ（%）
相互校正に用いるセンサ	MODIS	4.1
画素重ね合わせ	地表面反射率の不確かさ	2
分光感度特性の相違 気象条件	地表面反射率	1.5
	大気による吸収・散乱	1
二乗和の平方根（RSS）		4.9

6.3　異なる衛星間の相互校正

6.3.1　GOSAT/FTSとOCO-2

太陽反射領域で，フーリエ分光方式を採用したGOSAT/FTSと回折格子型分光方式を採用したOCO-2の相互校正が行われている。これらは世界で初めて温室効果ガスを専用に観測する衛星として開発が進められたものであり，高精度でCO_2濃度のわずかな変化を宇宙から捉えることを可能とすべく，双方が校正結果を公表しつつ協力が行われている。

打ち上げ前には，センサの開発機関であるJAXAとJPLのそれぞれが保有する放射輝度標準を日米に持ち寄り，それぞれの校正用積分球の分光放射輝度の比較を行って地上校正の一致度の確認が行われた[22)]。

打ち上げ後は地表の分光放射輝度データとそこから導出したCO_2濃度値が両機関で比較されている[4)]。Railroad Valleyにおける2018年の代替校正キャンペーンの機会にGOSAT/FTSとOCO-2が同じ地点を衛星通過時刻差50分で分光放射輝度を測定した例を図6.6に示す。GOSATとOCO-2では瞬時視野角が異なるため，BRDF補正を行い，GOSATフットプロント内のOCO-2ピクセルを平均し比較する。全バンドで５%の偏差内で測定結果が一致している。

GOSATは，ダイナミックレンジが広いフーリエ分光器固有の非線形性，OCO-2は回折格子型イメージング分光放射計固有の迷光，また，共通の誤差要因として太陽分光放射照度データベースの精度の評価が必要であり，相互校正はこれらの課題の解決に有効である。

非線形性や迷光特性は打ち上げ前地上校正時に評価する項目であるが，軌道上の海上から砂漠まで広範囲の入力輝度の条件で，大気分子による吸収を含めて評価すると新たに判明する誤差がある。

6.3.2　GOSAT/FTSとAqua/AIRS

GOSAT/FTSの地球放射領域では，搭載黒体と深宇宙校正をセットとして周回中に日照で２回，日陰で４回計６回の高頻度で，軌道上校正だけで応答度校正を行うことができる。しかし，10年スケールの長期観測においては，２章に記載した打ち上げ後からの時間の関数として扱う非線形性補正パラ

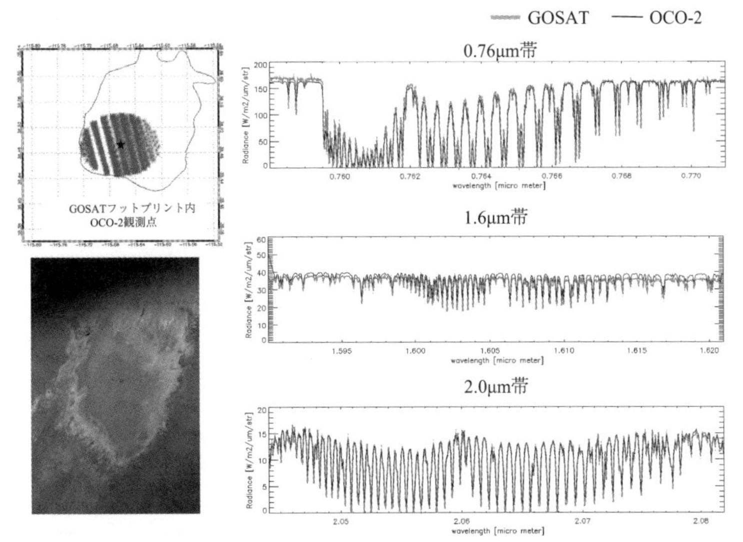

図6.6　GOSATとOCO-2が50分の時間差で観測した分光放射輝度データ。（Railroad Valley上空。2018年6月30日。）左上段はGOSATのフットプリントとフットプリント内のOCO-2ピクセル。左下段はGOSAT/FTS内に搭載したCAM画像。右図は上より0.76 μm，1.6 μm，2.08 μmの分光放射輝度の比較。GOSAT（V210.210）（太線）とOCO-2（V8）（細線）[4]

メータの評価が必要である。そこで，地球放射領域では回折格子型分光方式を採用するAqua/AIRSとフーリエ分光方式を採用するGOSAT/FTSの相互校正が行われている。

GOSAT/FTSは視線ベクトルが地心方向，AIRSは視野角10度以内で，2センサの観測時間差35分以内，観測地点の距離差17 km以内（以下マッチアップ条件と呼ぶ）のデータを抽出して相互校正を行っている。GOSATとAquaも太陽同期軌道であるため，上記の条件を満たす緯度帯は図6.7に示す限られたものとなる。

GOSATでは，衛星搭載機器の不具合で過去3回衛星の安全性を確保するため観測センサを強制的にシャットダウンする軽負荷モードに移行し，FTS全体が光学系を含めて冷却されたことがある。また，過去1回，光学系の温度は制御されたまま冷凍機のみが停止した期間がある。急激な温度変化により，機器からのアウトガスおよびその付着が変化し，結果として光学系の効率，背景光のレベル，温度センサの検出レベル以下で冷却温度が変化する可能性があるが，これらは非線形性補正パラメータに影響する。これらのGOSAT軌道上不具合は突発的に発生し，熱赤外データに発生する応答度不連続の要因となる。不具合前後におけるAIRSデータとの相互校正はGOSATの軌道上不具合に起因する非線形性補正パラメータの見直しに有効である。

図6.8にマッチアップ条件におけるGOSAT/FTSとAqua/AIRSの輝度温度差の時系列変化を旧バージョンV201.202および新バージョンV205.205に関して示す[23]。AIRSとのバイアスおよびGOSATの軌道上不具合に伴うデータの不連続が改善していることがわかる。わずかに残る不連続の解消および2018年5月および12月に発生した軽負荷モード移行・再立ち上げに対応した見直し（V220）を行った。

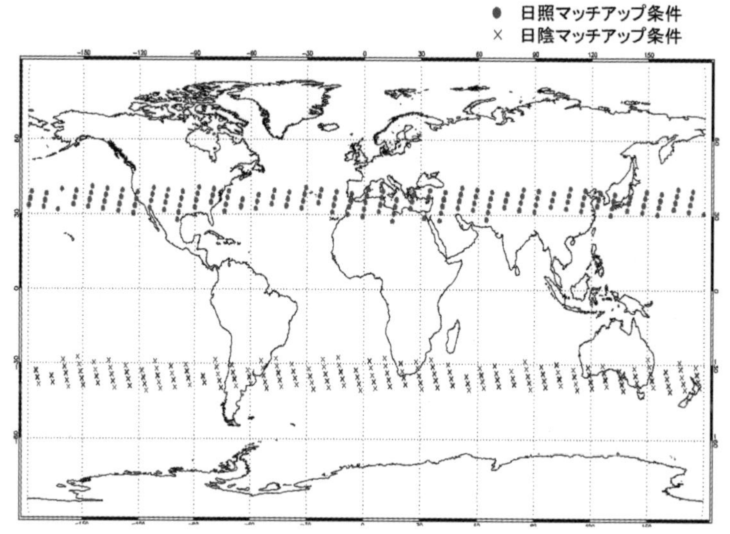

図6.7　Aqua 衛星搭載の AIRS と GOSAT 搭載の FTS のマッチアップ条件位置。北半球は日照時，南半球は日陰時である

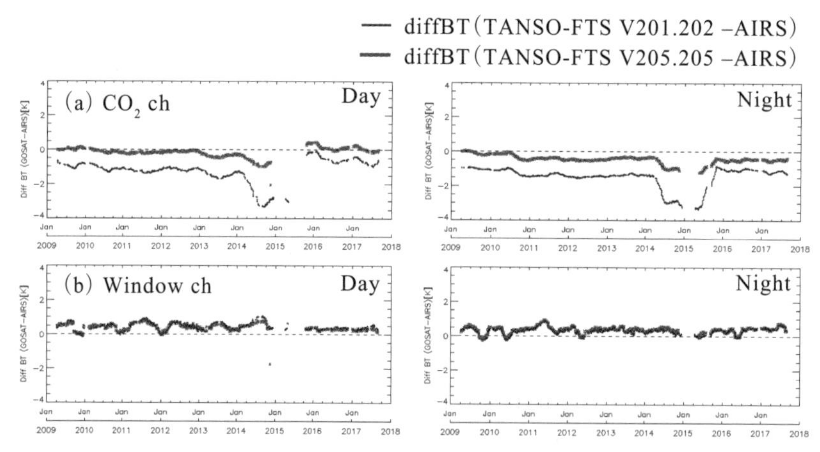

図6.8　マッチアップ条件における GOSAT/FTS と Aqua/AIRS の輝度温度差の時系列変化。旧バージョン V201.202（細線）から新バージョン V205.205（太線）への改善効果を示す。上段は14.6 μm の CO_2波長帯，下段は11.1 μm の窓領域で昼夜別に示す

6.3.3　Landsat 7号と Landsat 8号

異なる衛星に搭載されたセンサ間の相互校正事例としては，Landsat 7号の ETM＋と Landsat 8号の OLI がある。どちらもフィルター分光方式であり，観測波長帯と瞬時視野がほぼ同じ 2 つのセンサの相互校正である。主として砂漠地帯を共通のターゲットとして選択し，2 ～ 4 %の偏差で相互校正が可能であったと報告されている[5)]。

引用文献

1）K. Arai：Inflight test site cross calibration between mission instruments onboard same platform, Advances in Space Research, 19, 9, 1317-1324, 1997.

2）K. Arai, N.Ebuchi, G.Jaross, M. Moriyama：Cross calibration method and results for ADEOS satellite, Journal of Remote Sensing Society of Japan, 17, 5, 19-25, 1998.

3）K. Obata, S.Tsuchida, H. Yamamoto and K.Thome：Cross-calibration between ASTER and MODIS visible to near-infrared bands for improvement of ASTER radiometric calibration, Sensors, 17, pp. 1793-1811, 2017.

4）F. Kataoka, D. Crisp, T. E. Taylor, C. W. O'Dell, A. Kuze, K. Shiomi, H. Suto, C. Bruegge, F. M. Schwandner, R. Rosenberg, L. Chapsky and R. A. M. Lee：The Cross-Calibration of Spectral Radiances and Cross-Validation of CO_2 Estimates from GOSAT and OCO-2, MDPI Remote Sens., 9, pp. 1158-1179, 2017, doi:10.3390/rs9111158.

5）N. Mishra, M. O. Haque, L. Leigh, D. Aaron, D. Helder and B. Markham：Radiometric cross calibration of Landsat 8 Operational Land Imager（OLI）and Landsat 7 Enhanced Thematic Mapper Plus（ETM+）, Remote Sens. 6, pp. 12619-12638, 2014.

6）国立研究開発法人産業技術総合研究所地質情報研究部門, MADAS – AIST. Available online: https://gbank.gsj.jp/madas/（アクセス日：2018年5月2日）.

7）National Aeronautics and Space Administration（NASA）, LAADSWeb. Available online: https://ladsweb.nascom.nasa.gov/index.html（アクセス日：2016年10月5日）.

8）E. Vermote, S.Y. Kotchenova, D. Tanre, J.L. Deuze, M. Herman, J. Roger, J.J. Morcrette, 6SV Code. Available online: 6s.ltdri.org/（アクセス日：2018年5月2日）.

9）B. N. Holben, T.F. Eck, I. Slutsker, D. Tanre, J.P. Buis, A. Setzer, E. Vermote, J.A. Reagan, Y.J. Kaufman, T. Nakajima et al.：AERONET—A federated instrument network and data archive for aerosol characterization. Remote Sens. Environ., 66, pp.1-16, 1998.

10）National Aeronautics ans Space Administration（NASA）Goddard Earth Science Data and Information Services Center（GES DISC）. Available online: https://mirador.gsfc.nasa.gov/（アクセス日：2017年8月1日）.

11）M. Nishihama, R. Wolfe, Solomon, D., Patt, F., Blanchette, J., Fleig, A., and Masuoka, E.：MODIS Level 1A Earth Location: Algorithm Theoretical Basis Document Version 3.0; National Aeronautics and Space Administration, Goddard Space Flight Center: Greenbelt, MD, USA, 1997.

12）J. Czapla-Myers, J. McCorkel, N. Anderson, K. Thome, S. Biggar, D. Helder, D. Aaron, L. Leigh, and N. Mishra：The ground-based absolute radiometric calibration of Landsat 8 OLI. Remote Sens., 7(1), pp.

600-626, 2015.

13) X. Xiong, A. Angal, W.L. Barnes, H. Chen, V. Chiang, X. Geng, Y. Li, K. Twedt, Z. Wang, T. Wilson, et al.：Updates of Moderate Resolution Imaging Spectroradiometer on-orbit calibration uncertainty assessments. J. Appl. Remote Sens., 12(2), 034001, 2018.

14) A. Iwasaki, H. Fujisada：ASTER geometric performance. IEEE Trans. Geosci. Remote Sens., 43(12), 2700-2706, 2005.

15) E. Robert：MODIS Geolocation. In Earth Science Satellite Remote Sensing Vol. 1: Science and Instruments; J.J. Qu, W. Gao, M. Kafatos, R.E. Murphy, V.V. Salomonson Eds.; Tsinghua University Press: Beijing, China; Springer: Berlin, Germany, pp. 50-73, 2006.

16) G. Thuillier, M. Hersé, P.C. Simon, D. Labs, H. Mandel, D. Gillotay and T. Foujols：The Visible Solar Spectral Irradiance from 350 to 850nm As Measured by the SOLSPEC Spectrometer During the ATLAS I Mission. Sol. Phys., 177, 41-61, 1998.

17) G. Thuillier, M. Hersé, D. Labs, T. Foujols, W. Peetermans, D. Gillotay, P.C. Simon and H. Mandel：The Solar Spectral Irradiance from 200 to 2400nm as Measured by the SOLSPEC Spectrometer from the Atlas and Eureca Missions. Sol. Phys., 214, 1-22, 2003.

18) K. Arai, K.Thome, A. Iwasaki and S.Biggar：ASTER VNIR and SWIR radiometric calibration and atmospheric correction, B. Ramanchandran, et al.(Eds.) Land Remote Sensing and Global Environmental Changes, Springer, pp. 83-116, 2010.

19) K. Arai：Error budget analysis of cross calibration method between ADEOS/AVNIR and OCTS, Advances in Space Research, 23 (8), pp. 1385-1388, 1999.

20) K. Arai：Atmospheric correction and residual errors in cross calibration of AVNIR and OCTS both onboard ADEOS, Advances in Space Research, 25 (5), pp. 1055-1058, 2000.

21) K. Arai：Vicarious calibration based cross calibration of solar reflective channels of radiometers onboard remote sensing satellite and evaluation of cross calibration accuracy through band-to-band data comparisons, International Journal of Advanced Computer Science and Applications, 4 (2), pp. 7-14, 2013.

22) F. Sakuma, C. Bruegge, D. Rider, D. Brown, S. Geier, S. Kawakami and A. Kuze：OCO-GOSAT Preflight Cross Calibration Experiment, IEEE Trans. Geosci. Remote Sensing, 48, pp. 585-599, 2010.

23) F. Kataoka, R. O. Knuteson, A. Kuze, K. Shiomi, H. Suto, J. Yoshida, S. Kondo and N. Saitoh：Calibration, Level 1 Processing, and Radiometric Validation for TANSO-FTS TIR on GOSAT, IEEE Trans. Geosci. Remote Sensing 57, pp. 3490-3500, 2019.

7章　校正データの統合解析

軌道上校正は過去20年程度の間に多くの技術的進歩があり校正精度が向上してきた。現在ではほとんどのセンサが機上校正，代替校正，月校正を組み合わせた複数種類の軌道上校正を行っている。また異なるセンサ間で軌道上相互校正も行われるようになっている。本章では，可視・近赤外域と短波長赤外域において複数の校正データセットが得られた場合に，それらをどう組み合わせて最良の校正結果を提供できるかについて述べる。方法論はすべての校正データセットを取り入れた統合的統計解析である。

7.1ではこれまで用いられてきた代表的な軌道上校正の方法を比較評価する。7.2では代表的なセンサがどのような軌道上校正方法を採用しているかを概観する。7.3では軌道上校正で得られた複数のデータセットを統合的に解析する方法論を述べ，7.4ではその方法をASTER/VNIRに適用した事例を紹介する。

7.1　軌道上校正の方法

代表的な軌道上校正方法には機上校正，代替校正，月校正の3種類がある。それぞれの詳細に関しては本書の3章，4章，5章を参照されたい。**表7.1**はそれらの特徴を比較したものである。

ランプを用いた機上校正は必要なときにいつでも運用できるという機動性に優れ，特に打ち上げ直後センサの応答度が激しく変動しがちな時期にも校正データを取得できるのが利点である。ランプ自身の放射輝度の安定性は十分に高いことが知られている。一方ランプの光源部は高輝度ではあるが面積は小さいため，撮像光学系の前方から校正用光ビームをセンサに導入する場合，撮像光学系の開口部全体に光ビームを通過させることは困難であり，校正用光ビームの通過範囲は開口部のごく一部の面積に限られる。このため校正データが開口部全体をよく代表しているかどうかに関してはあいまいさが残り，光学系の汚れなどが開口上で場所的に不均一な場合には，校正データの不確かさを増加させる要因となる。

太陽拡散板を用いた機上校正では，拡散反射された校正用光ビームがセンサの撮像光学系の開口部全体をカバーできる点で信頼性が高い。校正頻度は月に一度程度であるが，太陽光に直接さらされる太陽拡散板には劣化が起こり，反射率に低下が起こることが知られている。そのために太陽拡散板の反射率の変化を軌道上でモニターしたり，あるいは使用頻度を極力抑えた別の太陽拡散板を並行的に使用したりするなどの工夫がなされている。NASAは太陽拡散板による機上校正の不確かさは（反射率測定モードで）2％あるいはそれより小さいと評価している。

表7.1　衛星搭載光学センサの軌道上校正

軌道上校正		備考
機上校正	ランプ	部分開口の校正にとどまる ランプ放射輝度は高安定 校正用光学系の劣化があり得る 高頻度の校正データの取得：打ち上げ直後から
	太陽 拡散板	全開口の校正が可能 比較的小さな不確かさ 太陽拡散板の劣化はあり得る 一ヶ月に一度程度の校正頻度
月校正		対象の反射率は高安定 絶対分光放射輝度は向上の可能性あり 軌道上での衛星の姿勢変更が必要 一ヶ月に一度程度の校正頻度
代替校正		地表対象物と気象条件のその場計測が必要 不確かさは気象条件に左右される 対象地域に人が行かなければならない 年に1～2回のデータ取得

月校正は月表面の反射率が極めて安定であることを利用したものである。センサの視線ベクトルを月の方に向けるために衛星の姿勢変更が必要になるが，そのときに衛星とセンサの熱環境に変動が生じる。それをあらかじめ設計に取り入れて，姿勢変更を定期的に行えるような工夫もなされるようになってきている。現在月の分光放射輝度の絶対値には10％程度の不確かさがあるといわれているため，月校正は現状ではほぼセンサの応答度の安定性をモニターするのにとどまっているが，絶対値推定の不確かさがより小さくなればセンサの絶対値校正にも利用されるようになるであろう。

代替校正は地表面反射特性が空間的に均質なターゲットエリアを選び，良好な地上機材を用い，かつ天候の良い条件で行えばおよそ5％の不確かさで校正データが得られると評価されている[1)]。衛星が上空を通過するのと同時に地表面の双方向分光反射率ファクターと気象条件の測定を行う。校正データの不確かさは気象条件に大きく依存する。校正技術に熟練した人材が，必要な機材とともにターゲットエリアに入る。校正の頻度はひとつの校正チームで年に1～2回というのが通例である。

7.2　軌道上校正の実例

現在様々な地球観測衛星が運用されているが，それぞれ観測目的に応じた軌道上校正を行っている。**表7.2**は現在運用中の代表的な陸域，海洋，大気の観測センサがどのような軌道上校正を実施しているかを示したものである。

ランプはリモートセンシングの初期の頃から陸域観測センサに多く搭載され，SPOT衛星シリーズでは1980年代から現在まで継続的に搭載されている。1999年に打ち上げられたASTER/VNIRと

表7.2　代表的な衛星搭載光学センサと可視・近赤外域における軌道上校正

観測対象 センサ プラットフォーム		陸域				海洋		大気
		MODIS Terra	ASTER Terra	HRVIR SPOT 6	OLI Landsat 8号	MODIS Aqua	VIIRS SNPP	FTS GOSAT
打ち上げ年		1999	1999	2012	2013	2002	2011	2009
機上校正	ランプ	-	P	P	P	-	-	-
	太陽拡散板	P	-	-	P	P	P	P
月校正		P	O	-	P	P	P	P
代替校正		P	P	P	P	P	P	P

Landsat 8号：ランプは刺激ランプと呼ばれている
P：定期的に校正　O：不定期に校正

SWIR，および2013年に打ち上げられたLandsat 8号のOLIにも搭載されている。太陽拡散板は1990年代後半から海洋観測センサで試みられ，2000年代以降TerraおよびAqua搭載のMODISでその有用性が確認されて，陸域観測センサ（Landsat 8号/OLI）や大気観測センサ（GOSAT/FTS）にも広く搭載されるようになっている。

月校正は最近しばしば用いられるようになった新しい軌道上校正方法であり，海洋観測センサだけでなく陸域観測センサや大気観測センサにも採用されるようになっている。おおむね一ヶ月に一度といった頻度で校正が行われている。代替校正は可視・近赤外域において1990年代にその基礎が開発され，不確かさのバジェット表が作成された。各国ごとにいろいろな方法が試みられている。代替校正は絶対校正である利点，および複数の機関によって独立した一次データが得られる利点があり，ほとんどのセンサで採用されている。

7.3　校正データの統合方法

校正データセットとは，一定の校正方法で取得された一連のRCC一次データの集合体のことをいう。異なる校正データセットが複数得られた場合，これらすべてを有効に活用してRCCの最確値を推定し，それをユーザに提供することが望ましい。そのためには個々の校正データの不確かさを定量的に評価した上で，統計的手法を用いてすべてのデータを統合的に解析し，全体の平均値とその不確かさを評価するのが合理的である。一方定性的ではあるが，統合解析の試みはすでに行われているのでその事例を7.3.1で紹介する。定量的な統合解析は7.3.2で述べる。

7.3.1　定性的統合方法

複数の校正データセットがあった場合，それらのうちどのデータセットをユーザに提供すべきか，またそれらをどのように調整して提供すべきかの決定はセンサ開発プロジェクトの責任である。しばしば行われるのは，最も信頼性が高い特定のデータセットを公式のRCCとしてユーザに提供する方法である。ところが特定の校正データセットが他のものより飛びぬけて信頼度が高いとは必ずしも考えられない場合には，何らかのデータ調整を行う必要が出てくる。そのためVIIRSとASTER/VNIRにおいて統合のための定性的なデータ調整の試みが行われている。

VIIRSの場合は表7.2に示したように，機上校正（太陽拡散板）と月校正の２種類の校正データセットが得られている。機上校正データは短期的にはバラツキが少なく信頼性が高いものの，長期的には太陽拡散板の反射率の不均一な劣化が原因となり校正結果に長期的なドリフトが生じ得る。一方，月校正データは短期的にはバラツキが大きいが，月の反射率は安定性が高いことから校正結果が長期的にドリフトすることは考えにくい。このような考察からVIIRSプロジェクトでは，RCCの長期的傾向を月校正データセットから決定し，それに基づいてすべての機上校正データを補正することを行っている[2)]。VIIRSプロジェクトではこの方法をハイブリッドアプローチと呼び，海色画像データの改善に結びついたとしている。

ASTER/VNIRの場合，表7.2に示したように，機上校正（ランプ）データセットと３つの代替校正データセットが得られている。機上校正データは高頻度でデータが取得され，短期的にはデータは滑らかで信頼性が高いが，長期的にはドリフトが無視できないと考えられる。一方，代替校正データは短期的にはバラツキが大きいが，絶対校正が行われていることから長期的に校正結果がドリフトすることは考えにくい。このような考察からASTERプロジェクトでは観測バンドごとに個別に校正データセットの信頼性を検討し，バンド１と２に対しては特定の代替校正データセットが最も信頼性が高いと判断し，バンド３Nに対しては機上校正データセットが最も信頼性が高いと判断することで，それらをベースにして公式のRCCの値を決め[3)]，このRCCの値を使ってユーザに公開する観測データを補正している。

VIIRSの場合もASTER/VNIRの場合も，個々のデータセットの不確かさを定量的に評価している訳ではないが，信頼性を定性的に評価した上で複数の校正データセットの統合を試みている事例である。

7.3.2　定量的統合方法

複数の校正データセットがある場合，あらかじめそれぞれの不確かさが評価されていれば，統計的手法を用いて定量的にRCCの平均値とその不確かさを求めることが可能である。この方法を校正データの定量的統合解析という。

(1)　校正データ全体の統合方法

校正データ全体に対する定量的統合解析のプロセスを図7.1に示す。データセットとして機上校正，月校正，代替校正の３種類があるとし，さらに代替校正には異なる機関で得られた複数のデータセットがある場合を想定する。

機上校正と月校正ではそれぞれのデータセットに回帰曲線（regression curve），R_{ob}とR_{l}，をフィットさせ，同時に回帰曲線の標準不確かさ（standard uncertainty），u_{ob}とu_{l}，を評価する。標準不確かさは，一次データの不規則なバラツキを表す偶然成分（random component）と，一次データに共通の偏りを起こさせる系統成分（systematic component）とから成る。

代替校正では複数のデータセットのそれぞれに回帰曲線をフィットさせたのち，統計解析によって代替校正データ全体の平均値に相当する回帰曲線，すなわち，代替校正平均回帰曲線（vicarious calibration average regression curve），R_{va}，とその標準不確かさ，u_{va}，を計算する。そして最終的に，機上校正，月校正，代替校正のそれぞれの回帰曲線から全体の平均値に相当する回帰曲線，すなわち，全平均回帰曲線（total average regression curve），R_{ta}，とその標準不確かさ，u_{ta}，を計算する。

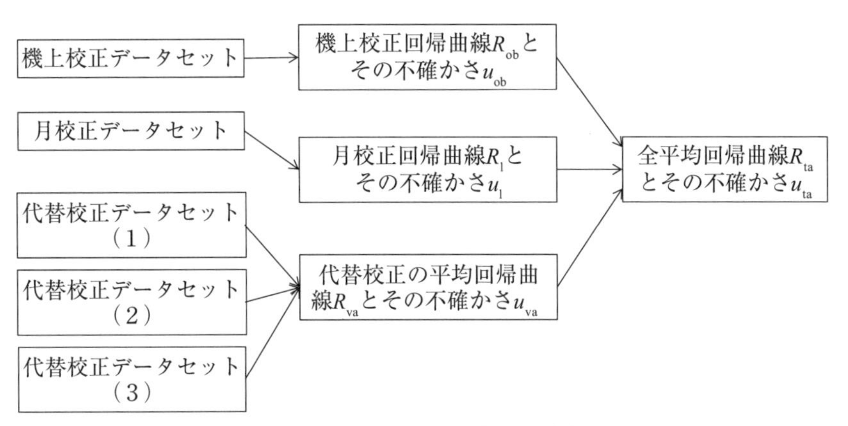

図7.1　校正データセット全体の統合過程

全平均回帰曲線 R_{ta} は式（1）で表される。

$$R_{ta}=(R_{ob}/u_{ob}^2+R_l/u_l^2+R_{va}/u_{va}^2)/(1/u_{ob}^2+1/u_l^2+1/u_{va}^2) \quad (1)$$

ここで R_{ob} は機上校正データセットに対する回帰曲線（onboard calibration regression curve）であり，u_{ob} はその標準不確かさである。u_{ob} は偶然成分 u_{obr} と系統成分 u_{obs} とからなる。u_{obr} は回帰曲線からの一次データの偏差（バラツキ）から計算される。u_{obs} は機上校正の方法自体に固有の系統的不確かさで，その校正方法を物理的に考察することによって推定する。機上校正データセットの標準不確かさ u_{ob} は偶然成分と系統成分を合成して式（2）で表される。

$$u_{ob}=(u_{obr}^2+u_{obs}^2)^{1/2} \quad (2)$$

R_l と u_l はそれぞれ，月校正データセットに対する回帰曲線（lunar calibration regression curve）とその標準不確かさである。機上校正と同様に，標準不確かさ u_l は偶然成分 u_{lr} と系統成分 u_{ls} とからなり，それらを合成して u_l は式（3）で表される。

$$u_l=(u_{lr}^2+u_{ls}^2)^{1/2} \quad (3)$$

R_{va} と u_{va} はそれぞれ代替校正データ全体に対する平均回帰曲線（vicarious calibration average regression curve）とその標準不確かさである。同様に，標準不確かさには偶然成分 u_{var} と系統成分 u_{vas} があり，u_{va} はそれらを合成した式（4）で表される。

$$u_{\mathrm{va}}=(u_{\mathrm{var}}^{2}+u_{\mathrm{vas}}^{2})^{1/2} \quad \cdots\cdots (4)$$

なお代替校正に複数のデータセットがある場合の R_{va} と u_{va} の求め方は次の(2)で述べる。

式（1）において R_{ta} は，R_{ob}, R_1 および R_{va} の重み付き平均値として表されている。重みはそれぞれの回帰曲線の標準不確かさの二乗に反比例し，不確かさが小さいほど重みは大きくなる。全平均回帰曲線 R_{ta} の標準不確かさ u_{ta} は式（5）で与えられる。

$$u_{\mathrm{ta}}=\{1/(1/u_{\mathrm{ob}}^{2}+1/u_{1}^{2}+1/u_{\mathrm{va}}^{2})\}^{1/2} \quad \cdots\cdots (5)$$

なお上記のすべてのパラメータは時間（打ち上げ後の日数）の関数である。

(2)　代替校正データの統合方法

代替校正に複数のデータセットがある場合，それらの平均値とその標準不確かさを求めるための統合方法を図7.2に示す。

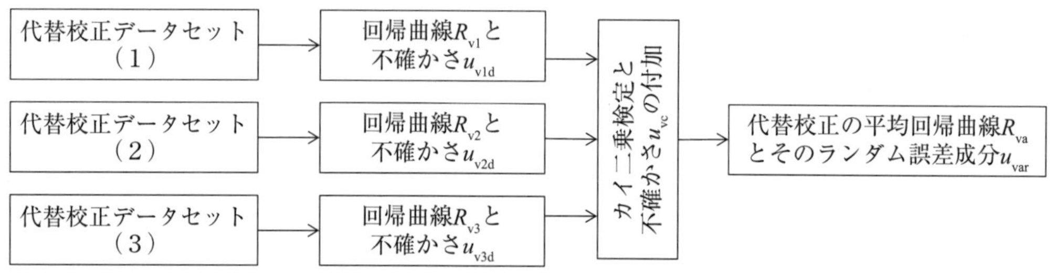

図7.2　代替校正データセットの統合過程

まずそれぞれのデータセットに対して回帰曲線 R_{vi} とその標準不確かさ u_{vid} を計算する。ここでiはi番目のデータセットを表す。回帰曲線の標準不確かさ u_{vid} は回帰曲線 R_{vi} からの一次データのバラツキ（偏差，deviation）の程度（1 σ）を表す。

次にすべての代替校正データセットの回帰曲線 R_{vi} とその標準不確かさ u_{vid} に対してカイ二乗検定（chi-square test）を行う。カイ二乗検定は，計測された複数の校正データセットのバラツキがその不確かさを勘案して統計的に十分起こりうる事象かどうかを示す指標である。カイ二乗が自由度（データセットの個数を N として N-1）より大きければデータは全体として整合性が不足している，すなわち不確かさに比べてデータのバラツキが大きすぎて，何らかの未知の不確かさが隠れており，本来の不確かさはもっと大きいはずだと考える。これを解決するためにそれぞれのデータセットの回帰曲線に共通の不確かさ u_{vc} を上乗せする。u_{vc} の値は，カイ二乗が N-1になるように決定する。一方カイ二乗が自由度よりも小さい場合には校正データ相互には整合性があると見なして u_{vc} はゼロとする。なおu_{vc}も時間の関数である。

このようにしてi番目の代替校正データセットの標準不確かさの偶然成分u_{vir}はu_{vc}を加えて（6）式で与えられる。

$$u_{vir}=(u_{vid}^2+u_{vc}^2)^{1/2} \quad (6)$$

こうしてi個のデータセットからなる代替校正平均回帰曲線R_{va}は式（7）で与えられる。

$$R_{va}=(\sum R_{vi}/u_{vir}^2)/(\sum 1/u_{vir}^2) \quad (7)$$

またその標準不確かさの偶然成分u_{var}は式（8）で与えられる。

$$u_{var}=(1/\sum 1/u_{vir}^2)^{1/2} \quad (8)$$

一方偶然成分とは別に，代替校正データセットごとに校正方法に固有の不確かさ，すなわち不確かさの系統成分u_{vis}が存在する。すべての代替校正が同一の方法に準拠して行われている場合は，u_{vis}はiによらない一定の値u_{vs}を取る。このとき式（4）のu_{vas}はu_{vs}に置き換えてよい。例えばすべての代替校正データが反射率ベース法で取得されたものであれば，4章の表4.1に示したように$u_{vas}=u_{vs}=$（*RCC*の4.9％）を使うのが妥当である。このようにしてu_{var}とu_{vas}が求まれば，それらを合成して代替校正平均回帰曲線の標準不確かさu_{va}は式（4）で求まる。

7.4　定量的統合解析の事例

ASTERプロジェクトではVNIRの機上校正データと代替校正データのそれぞれの不確かさを定量的に評価した上で統合解析を試みた[3)]ので概略を以下に紹介する。

7.4.1　回帰曲線のフィッティング

校正データセットへの回帰曲線のフィッティングは統合解析において最初に行う基本的な作業である。図7.3の上方の実線はASTER/VNIRのバンド１の代替校正のひとつのデータセットに対して，３種類の異なる関数形でフィッティングを行って得た回帰曲線である。図の破線はそれぞれの回帰曲線の標準不確かさの幅を示す（なお下方の薄い実線は参考までに機上校正の*RCC*を併せて示したものである）。*RCC*の変動の要因としては光学系の汚染による透過率・反射率の低下，紫外線・宇宙線によるセンサ部材の劣化，電気系の増幅率の変動などが考えられるが，これらの要因による*RCC*の変動に適切にフィットできる回帰曲線の関数形を選ぶこととした。

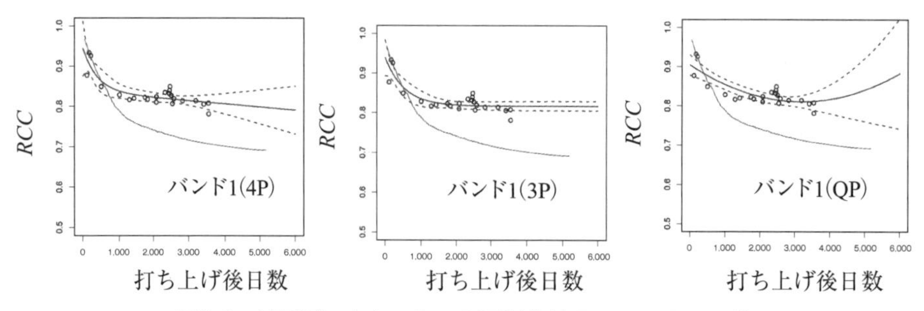

図7.3　校正データセットへの回帰曲線のフィッティング

ASTER/VNIRの代替校正データセットへのフィッティングにおいて次の３つの関数形を調べた。

①　$RCC = \mathrm{a}\exp(-\mathrm{b}t) + \mathrm{c}t + \mathrm{d}$,

②　$RCC = \mathrm{a}\exp(-\mathrm{b}t) + \mathrm{c}$,

③　$RCC = \mathrm{a}\,t^2 + \mathrm{b}t + \mathrm{c}$.

ここでtは時間を表し，a, b, c, dは定数である。関数形①と②はいずれも初期の急激な減少を表すため指数関数を用い，それぞれ４つおよび３つのパラメータを用いたので４Ｐおよび３Ｐモデルと呼んだ。③は二次の多項式であるのでQPモデルと呼んだ。

関数形を決めるに当たっては次の３点を考慮した。打ち上げ直後の急激な*RCC*の低下をよく表せること。*RCC*の長期的な低下傾向を表せること。一次データのない日数範囲で*RCC*の不確かさが合理的に増大していくこと。図7.3の３Ｐでは一次データのない日数範囲で不確かさが増大しないのは統計的に不自然である。同様にQPで日数の増加とともにRCCが増大するのは物理的に不自然である。４Ｐでは*RCC*の長期減少傾向を良く表しているとともに，一次データのない日数範囲で不確かさが合理的に増大していく。

すべての代替校正データセットに３つのモデルを適用した結果，最も合理的と考えられる①の４Ｐモデルを採用した。

7.4.2　複数の代替校正データセットの統合解析

代替校正の３種類のデータセットそれぞれに対して４Ｐモデルのフィッティングを行い，回帰曲線と標準不確かさを求めた。その結果をカイ二乗検定にかけてデータセット相互の整合性をチェックしたところ，打ち上げ後日数の相当な部分で不整合が見られた。そこでカイ二乗が自由度の２になるまでそれぞれのデータセットに対して共通の不確かさu_{vc}を加えた。u_{vc}の値は打ち上げ後日数で変動するが，その範囲は0.00から0.03であった。

図7.4にASTER/VNIRのバンド１，２，３Ｎに対して，代替校正平均回帰曲線の標準不確かさu_{va}とその系統成分u_{vas}および偶然成分u_{var}を，それぞれ上から順に実線で示した（なお参考までに３つの代替校正データセットそれぞれの標準不確かさの偶然成分u_{vir}を破線で示してある)。u_{vas}には文献１）に基づいて代替校正の不確かさの系統成分として*RCC*の値の4.9％を入れた。図から分かるよう

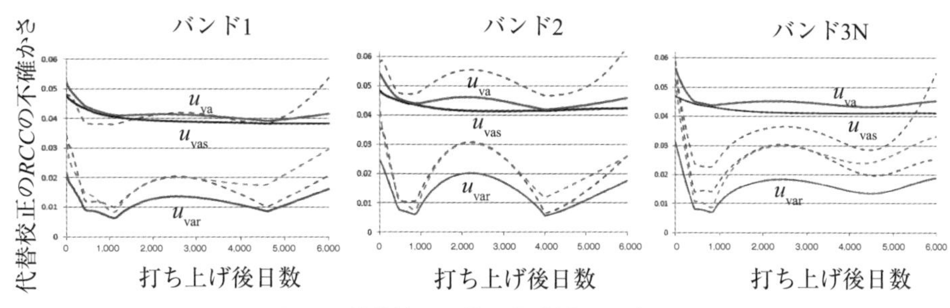

図7.4　代替校正平均回帰曲線の不確かさ

に結果として，代替校正平均回帰曲線の標準不確かさu_{va}はほぼフラットで，全経過日数のほとんどでおよそ0.04から0.05の範囲に入っている。ただし代替校正の一次データが取得されていない打ち上げ直後の期間は回帰曲線を補外しているために，標準不確かさは0.05ないし0.06に増大している。

図7.4から分かるようにu_{va}への寄与は偶然成分u_{var}よりも系統成分u_{vas}の方がはるかに大きく，u_{va}の値はほぼ系統成分で決まっているという結果が得られた。すなわち代替校正の一次データのバラツキやデータセット間の不整合の程度は，不確かさの系統成分u_{vas}に比べて十分小さかったといえる。

代替校正の不確かさを低減するには、今後その系統成分を低減する研究開発が必要になる。

7.4.3　機上校正データの不確かさ

ASTER/VNIRの機上校正データのRCCは３章の図3.8に示したように打ち上げ後日数とともに連続的に低下している。機上校正データセットに回帰曲線R_{ob}をフィッティングし，標準不確かさの偶然成分u_{obr}を計算した。問題は不確かさの系統成分u_{obs}の評価であった。u_{obs}は３章の表3.1に示すように，既知要因の2.8％と，XとYで示した未知要因とからなる。XとYはそれぞれ開口部における校正の代表性と校正光学系の劣化による不確かさである。XとYとを分離して評価することは困難であるため，両者を合わせてRCCの１からの低下分（すなわち応答度の劣化分）の一定割合を不確かさの系統成分とすることが妥当と考えられた。ここではその一定割合を30％とし，既知の系統成分（2.8％）と合成してu_{obs}とした。

このようにして得られたu_{ob}を図7.5の一番上の実線で示す。応答度の劣化がゼロの打ち上げ直後

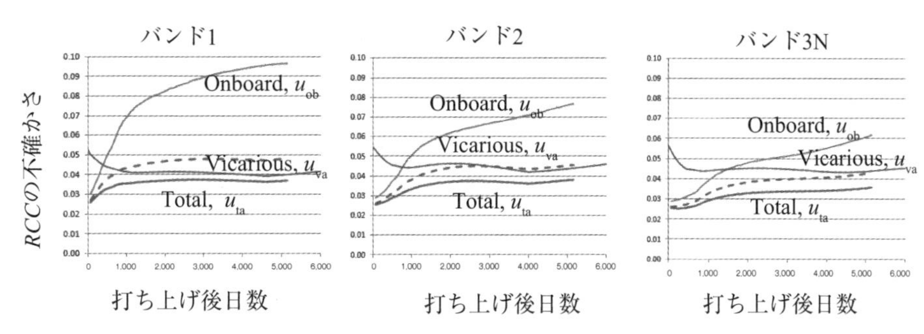

図7.5　全平均回帰曲線の不確かさ

はu_{ob}は0.028と小さいが，劣化が進むとともにu_{ob}も増大する。打ち上げ後5,000日程度では，３章の図3.8で見るように，*RCC*の低下分が30％を超えるバンド１ではu_{ob}は0.10近くに達する。*RCC*の低下分が24％のバンド２では約0.075に減少し，*RCC*の低下分が18％のバンド３ではさらに約0.06に減少する。劣化度がより小さい長波長側のバンドで，u_{ob}はより小さいという明確な傾向を示した。

7.4.4　校正データ全体の統合解析

図7.5にASTER/VNIRの機上校正と代替校正のデータセットの回帰曲線の標準不確かさ，およびそれらを合成した全平均回帰曲線の標準不確かさを，上から順番に実線で示す。全平均回帰曲線の標準不確かさu_{ta}は打ち上げ直後は0.02台後半で機上校正の寄与が支配的であるが，打ち上げ後日数の増加とともに徐々に代替校正の寄与が支配的となる。打ち上げ直後を除けばu_{ta}は全期間でほぼフラットで，0.03から0.04の範囲に入っている。

図7.5の実線は，標準不確かさを縦軸の*RCC*のスケール上で表したものであるが，これに対して図の破線は，全平均回帰曲線の標準不確かさu_{ta}を，それぞれのバンドの*RCC*の値（後出の図7.6参照）で割ったものである。すなわち標準不確かさu_{ta}を，実際の*RCC*の値（観測値）に対する相対不確かさとして表したものである。これが通常観測データの精度といわれているものに相当する。図7.5によれば相対不確かさは打ち上げ直後は２％台後半と小さいが，その後増大し打ち上げ後十分に日数が経過したところではほぼ一定の値をとり，バンド1,2,3Nでそれぞれおよそ５％，4.5％，４％である。

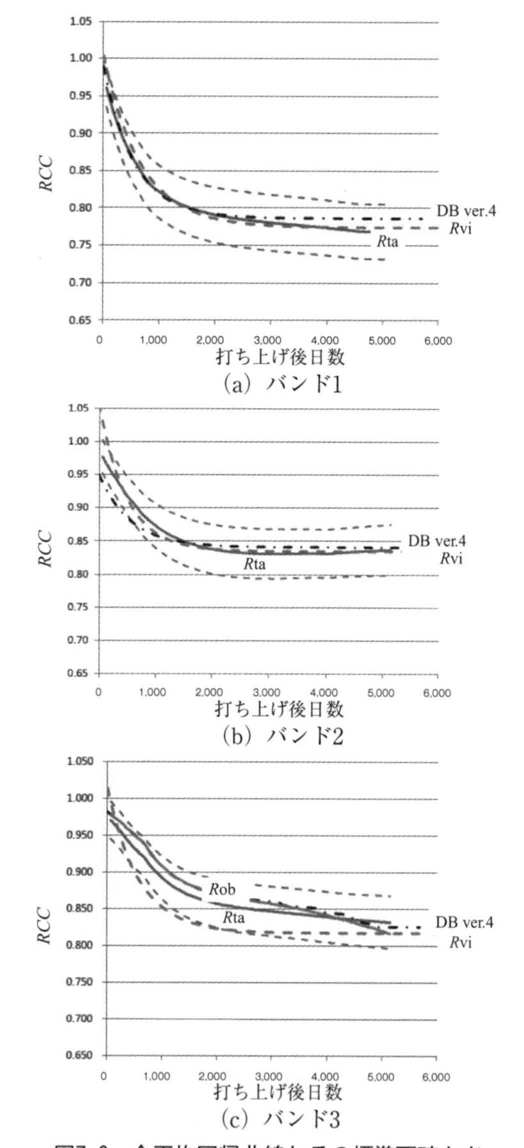

図7.6　全平均回帰曲線とその標準不確かさ

図7.6(a), (b), (c)はバンド1,2,3ごとのに全平均回帰曲線R_{ta}（中央の実線）とその標準不確かさu_{ta}の幅（上下の短い破線）を示す。図7.6には同時に，ユーザ向けに公式に使われているASTER/VNIRの最新の*RCC*の値（一点鎖線，ASTER/VNIRのラジオメトリックDatabase（DB）バージョン４）も示されている。なお図には参考のために，7.3.1で最も信頼性が高いとされた特定の代替校正データセットの回帰曲線R_{vi}を長い破線で示した。また図(c)には，同じく最も信頼性が高いとされた機上校正データセットR_{cb}を実線で示した。

図から分かるように，統合解析の結果得られたR_{ta}（中央の実線）と最新のRCCの値（一点鎖線）との差は，いずれのバンドにおいても，打ち上げ直後を除くほとんどの経過日数で0.01～0.02以内であった。R_{ta}の標準不確かさu_{ta}が0.03～0.04（1 σ，図の短い破線）であることを考慮すれば，これらの一致度は良好といえる。今回の統合解析によって，ユーザ向けに公式に使われている最新のRCCの値は妥当であるといえる。

7.5　まとめ

最近の衛星搭載光学センサでは複数の異なる校正データセットが得られることが通例となっている。従来は複数の校正データのうち最も不確かさが小さいと推定されるデータセットだけを選択し，それをRCC（放射量校正係数）としてユーザに提供するということが多く行われてきた。しかしながら取得されたすべての校正データセットは仮にその不確かさが大きいものであっても，RCCの最確値を推定するのに一定の寄与ができるというのが統計学の基本である。利用できるデータが多ければ多いほど全体として精度は上がる。特定のデータセットの採択に固執し，他のデータセットを排除しようとする傾向がリモートセンシング関係者の中に残っているとすれば残念であるし非科学的である。

今後月校正のデータセットが得られるようになってくるが，絶対値の不確かさは大きい（10 %程度）ものの，経時的な相対変化の精度は非常に高いと推定される。このような月校正データセットを機上校正データセットや代替校正データセットとどのように組み合わせて最確値を求めていくかは今後の重要な課題である。

謝辞

本章のASTER/VNIR校正データの統合解析事例は，宇宙システム開発利用推進機構（JSS）ASTERセンサ委員会合同校正ワーキンググループによる成果である。校正生データの提供，統合解析に関する作業と議論に関して，ワーキンググループのメンバー，そしてJSS事務局に謝意を表する。

引用文献

1）P. N. Slater, S. F. Biggar, K. J. Thome, D. I. Gellman and P. R. Spyak：Vicarious radiometric calibration of EOS sensors, Journal of Atmospheric and Oceanic Technology, 13, 349-359, 1996.

2）J. Sun and M. Wang：VIIRS reflective solar bands calibration progress and its impact on ocean color products, Remote Sens., 8 (3), pp. 194-213, 2016.

3）宇宙システム開発利用推進機構（JSS）：ASTERセンサ委員会合同校正WG資料, 2014-2015.

8章　おわりに

最近のリモートセンシングでは地球環境の年間変動のような短期的変動や，数年から10年以上にわたる長期的変動に高い関心が向けられるようになっている。そこでは動的な地球科学的情報を得ることが中心的課題であるため，センサの放射量データに対して定量性の要求が高まった。衛星搭載光学センサの放射量校正はこのような要求に応えるものである。

多くの地球観測用センサのデータが利用可能になると，異なるセンサから得られた観測データを相互に比較したり，統合して解析したりすることも試みられるようになった。このような場合には，相互に比較解析可能な定量性が画像データに求められ，そのためにもセンサの放射量特性の正確な校正の必要性が高まった。時間的安定性とともに，放射量特性の絶対値に対する要求も高まっている。

衛星の打ち上げ後に行われる軌道上校正には，機上校正，代替校正，月校正の方法がある。機上校正は反射率トレーサブルな方法が1990年代に開発され普及している。太陽反射領域における代替校正は1980年代から開発が進み，基本的な方法論と実際の校正技術の基礎が作られた。月校正は2010年代に多くの衛星搭載センサで行われるようになっている。

世界の主要な地球観測衛星開発機関はすべて，放射量校正をセンサ開発における欠くべからざる主要業務として位置付けている。代表的なセンサのほとんどが機上校正，代替校正，月校正のすべてを実施している（表7.2参照）。センサ開発に当たってはあらかじめどのような軌道上校正を行うかが戦略的に重要になる。そのためにはそれぞれの軌道上校正に，どの程度の精度（不確かさ）を期待するかが鍵となる。

代替校正データの位置付けに関しては現在３通りの考え方がある。第一は機上校正データの信頼性が代替校正に比べて著しく高い場合である。代替校正データは機上校正データを検証するための補助的な役割と位置付けられ，機上校正データだけを使って放射量校正係数（RCC）をユーザに提供する。第二は機上校正データが使えない場合，あるいは信頼性が著しく低い場合である。代替校正データのみを使って放射量校正係数をユーザに提供する。第三は機上校正データと代替校正データの信頼性が同程度の場合で，両者を統合解析してユーザに放射量校正係数を提供する。

代替校正データの位置づけは，機上校正データとの信頼性（不確かさ）の大小関係にかかっており，センサ開発のプロジェクト関係者がセンサおよびバンドごとに決めるものである。例えば，Terraおよび Aquaに搭載されている中分解能センサMODISの場合は，機上校正装置に多くの配慮がなされている関係で，機上校正データの不確かさが非常に小さいと評価されている。この場合にはユーザに対する放射量校正係数の提供は機上校正データのみで行い，代替校正データは機上校正データを検証する補助的な位置付けと考えられている。

Terra搭載の高分解能センサASTERの可視・近赤外センサ（VNIR）の場合は，機上校正データと代替校正データとの両方を合わせてユーザに対して放射量校正係数を提供している。一方ASTERの短波長赤外センサ（SWIR）の場合は，機上校正データの信頼性が代替校正データより著しく高いと評価されて，機上校正データだけがユーザに提供されている。最近では機上校正装置を搭載しない小型の光学センサが多く打ち上げられるようになり，その場合代替校正データや月校正データ，軌道上相互校正データが放射量校正係数の推定に多く活用されることになろう。

月校正は最近多く用いられるようになった新しい校正方法である。センサの視線ベクトルを地心方向から月へ向かわせるためには衛星の姿勢を大きく変える必要がある。そのために衛星およびセンサの熱的状態が不安定になる可能性があり，従来は月校正をまれに行う補助的な役割と考えてきた。しかし最近ではむしろ姿勢変更に伴う衛星の熱設計をあらかじめ行った上で定期的に姿勢変更を行い，月校正データをより積極的に使おうとする傾向にある。

月校正に関しては月表面の反射率が安定であることに着目して，センサの応答度の時間的な変化を把握する相対校正が第一に期待されている。一方，研究者によって評価は異なるが，月の放射輝度の絶対値もある程度の不確かさ（10％程度）で評価できるようになっている。将来月校正データの不確かさが代替校正と同程度になる可能性はあり，絶対校正の手段として使われることも考えられる。今後月校正が多く行われる中で，校正データの不確かさ評価がより詳細に行われることが期待される。

以上のように異なる軌道上校正が並行して行われる中で，校正データをどのように取り扱うかはそれぞれの校正データの不確かさによる。代替校正データセットの不確かさ評価が最初に本格的に行われたのは，表4.1に見るように可視・近赤外領域においてである。しかしながらこの評価表は1990年代半ばに作成されたものであるため，この評価表の妥当性の検証と改良が今後積極的に行われることが期待される。また短波長赤外域に対してこの評価表がどの程度適用可能かの検討も必要であろう。

熱赤外域の代替校正はこれまで機上校正を検証する補助的なものとして位置付けられてきたが，評価された不確かさを比べると両者の大きさはほぼ同等である。今後代替校正データを組み入れることで，放射量校正係数の信頼性をより高めることは可能と考えられる。そのためには，代替校正データの不確かさの要因分析とその大きさの評価をより詳細に行い，いろいろなセンサと校正サイトに対して実際に適用してみることが期待される。

センサに対して複数の軌道上校正を行うことが通例となった現在，異なる種類の校正データセットが複数得られる。これまでは校正データの不確かさを評価し実証した研究が少ないため，校正データの信頼性は定性的に評価するのにとどまってきた。本書の7章は軌道上校正データに対して不確かさを定量的に評価することによって，校正データの統合解析が可能になることを示している。また6章で述べたセンサ間の軌道上相互校正は，それぞれのセンサの校正データ間の整合性を実際に検証できる貴重なツールでもある。

軌道上校正データの不確かさをしかるべく評価すれば，センサ開発において異なる種類の軌道上校正をどのように組み合わせれば最良か，どの不確かさの要因を低減することが全体の不確かさ低減に最も効果的であるかといった定量的かつ合理的指針が得られる。放射量校正を戦略的に考える上で，校正データの定量的な不確かさ評価が基本であることを改めて強調したい。

本書では衛星搭載光学センサの放射量校正を基礎から実際まで解説した。この分野には最近世界的にもまとまった成書がないことから，本書が初心者にとっては分かりやすい導入書として，実務経験者にとっては自己の技術の再確認と将来の方向性を考える上で活用していただければ幸いである。

代表的な地球観測光学センサと搭載衛星

センサ略称	センサ正式名称	搭載衛星略称	搭載衛星正式名称	打上年	開発国
AIRS	Atmospheric Infrared Sounder	Aqua	Aqua	2002	米
ASTER	Advanced Spaceborne Thermal Emission and Reflection Radiometer	Terra	Terra	1999	日
ASTER/SWIR	ASTER/Shortwave Infrared Radiometer	Terra	Terra	1999	日
ASTER/TIR	ASTER/Thermal Infrared Radiometer	Terra	Terra	1999	日
ASTER/VNIR	ASTER/Visible and Near Infrared radiometer	Terra	Terra	1999	日
AVNIR	Advanced Visible and Near Infrared Radiometer	ADEOS	Advanced Earth Observing Satellite	1996	日
CAI	Cloud and Aerosol Imager	GOSAT	Greenhouse Gases Observing Satellite	2009	日
CIRC	Compact Infrared Camera	ALOS-2	Advanced Land Observing Satellite-2	2015	日
ETM +	Enhanced Thematic Mapper Plus	Landsat 7	Landsat 7	1999	米
FTS	Fourier Transform Spectrometer	GOSAT	Greenhouse Gases Observing Satellite	2009	日
HRV	High Resolution Visible	SPOT 1	Satellite Pour l'Observation de la Terre	1986～	仏ほか
HRVIR	High Resolution Visible and Infrared	SPOT 4	Satellite Pour l'Observation de la Terre	1998～	仏ほか
MODIS/Aqua	Moderate resolution Imaging Spectroradiometer	Aqua	Aqua	2002	米
MODIS/Terra	Moderate resolution Imaging Spectroradiometer	Terra	Terra	1999	米
OCO-2	Orbiting Carbon Observatory-2	OCO-2	Orbiting Carbon Observatory 2	2014	米
OCTS	Ocean Color and Temperature Scanner	ADEOS	Advanced Earth Observing Satellite	1996	日
OLI	Operational Land Imager	Landsat 8	Landsat 8	2013	米
VEGITATION	VEGITATION	SPOT-4	Satellite Pour l'Observation de la Terre	1998～	仏ほか
VIIRS	Visible Infrared Imaging Radiometer Suite	Suomi NPP	Suomi National Polar-orbiting Partnership	2011	米

主要用語の英日対訳

band	バンド、波長帯
BRDF/bidirectiona reflectance distribution function	双方向反射率分布関数
BRF/bidirectional reflectance factor	双方向反射率ファクター
complex index	複素指数
cross-cal.	相互校正
extinction	消衰
FTIR/Fourier transform infrared spectrometer	フーリエ変換赤外分光計/分光器
ground-reflectance	地表反射率
InGaAs	インジウムガリウムひ素
JPL/Jet Propulsion Laboratory	ジェット推進研究所
MCT/mercury cadmium telluride	水銀カドミウムテルル
measurement error	測定誤差
NIST/National Institute of Standards and Technology	国立標準技術研究所
NMIJ/National Metrology Institute of Japan	計量標準総合センター
non-Lambertian	非完全拡散性
nonpolarized	非偏光
OBC/onboard calibration	機上校正
optical depth	光学的厚さ
P	p偏光
partition	分割
PC/photoconductive	光導電型、光伝導型
polarization	偏光
PV/photovoltaic	光起電力型
radiance	放射輝度
RCC/radiomeric calibration coefficient	放射量校正係数
reference panel	参照板(標準白色拡散板)
regression curve	回帰曲線
S	s偏光
SDSM/solar diffuser stability monitor	太陽拡散板安定性モニター
sensitivity	感度
Si	シリコン
size distribution	サイズ分布
SRCA/spectroradiometric calibration assembly	分光放射校正装置
TANSO/Thermal and Near Infrared Sensor for Carbon Observation	炭素観測熱・近赤外センサ
uncertainty	不確かさ
VC/vicarious calibration	代替校正

索　引

監修・執筆	小野　晃（おの　あきら）	産業技術総合研究所
執筆	新井康平（あらい　こうへい）	佐賀大学、アリゾナ大学
〃	小畑建太（おばた　けんた）	愛知県立大学
〃	久世暁彦（くぜ　あきひこ）	宇宙航空研究開発機構
〃	神山　徹（こうやま　とおる）	産業技術総合研究所
〃	佐久間史洋（さくま　ふみひろ）	宇宙システム開発利用推進機構（執筆時）
〃	土田　聡（つちだ　さとし）	産業技術総合研究所
〃	外岡秀行（とのおか　ひでゆき）	茨城大学
監修	松永恒雄（まつなが　つねお）	国立環境研究所

基礎から学ぶ光学センサの校正

2020年４月24日　初版第１刷発行

監　修　小野　晃
　　　　松永恒雄
執　筆　小野　晃
　〃　　新井康平
　〃　　小畑建太
　〃　　久世暁彦
　〃　　神山　徹
　〃　　佐久間史洋
　〃　　土田　聡
　〃　　外岡秀行

検印省略

発行者　柴山斐呂子

発行所　理工図書株式会社

〒102-0082　東京都千代田区一番町 27-2
電話 03（3230）0221（代表）
FAX03（3262）8247
振替口座　00180-3-36087 番
http://www.rikohtosho.co.jp

ISBN978-4-8446-0895-0
印刷・製本　丸井工文社